Akin Pala
C. Scott Whisnant

Manual de Endocrinologia de Mamíferos

Akin Pala
C. Scott Whisnant

Manual de Endocrinologia de Mamíferos

ScienciaScripts

Imprint

Cover image: www.ingimage.com

This book is a translation from the original published under ISBN 978-3-659-85863-5.

Publisher:
Sciencia Scripts
is a trademark of
Dodo Books Indian Ocean Ltd. and OmniScriptum S.R.L publishing group

120 High Road, East Finchley, London, N2 9ED, United Kingdom
Str. Armeneasca 28/1, office 1, Chisinau MD-2012, Republic of Moldova, Europe
Printed at: see last page
ISBN: 978-620-8-31976-2

ÍNDICE

CAPÍTULO 1

Endocrinologia 101

Há milhares de anos que os seres humanos observam os efeitos do sistema endócrino e tentam manipulá-lo. Tratava-se de experiências simples e grosseiras, como a castração de gado ou mesmo de seres humanos. Aquela que é considerada a primeira experiência com hormonas foi realizada em 1849 por Arnold Adolph Berthold (Figura 1.1). Ele mediu a existência de testosterona utilizando galos (Berthold, 1849). Castrou alguns galos e separou-os em dois grupos. Depois transplantou testículos para os galos de um dos grupos. Observou que o grupo de galos em que efectuou o transplante apresentava efeitos do que hoje se sabe ser a testosterona. Afirmou que "no que diz respeito à voz, ao desejo sexual, à beligerância e ao crescimento dos pêlos e dos barbilhões, as aves continuam a ser verdadeiros galos [após o transplante testicular]". No entanto, os que não foram transplantados não apresentavam sinais de masculinidade, demonstrando que os testículos podem afetar muitas partes do corpo, bem como o comportamento.

Figura 1.1 Arnold Adolph Berthold

Fonte: Wikimedia Commons

Em 1902, William Maddock Bayliss e Ernest Henry Starling demonstraram que uma substância extraída do intestino delgado estimula a secreção pancreática. Chamaram-lhe secretina e propuseram que fazia parte de uma classe de substâncias chamadas hormonas, que significa literalmente: Eu estimulo.

Em 1889, Von Mering e Minkowski extraíram pâncreas de cães e observaram que os cães desenvolviam diabetes mellitus. Estavam a estudar a absorção de lípidos e a sua relação com o pâncreas. A história conta que um dos cães urinava muito e a sua urina atraía moscas. Concluíram que os cães sem pâncreas apresentavam sintomas de diabetes.

Nos anos 20, a insulina foi purificada a partir do pâncreas de cães e os investigadores canadianos Banting e Best provaram que revertia os sintomas da diabetes. Os sintomas da doença desapareceram e os investigadores provaram, assim, que a insulina é o elemento essencial em falta no caso do que atualmente se designa por diabetes de tipo I. Durante este mesmo período, foi também desenvolvida uma técnica cirúrgica para a hipofisectomia, a remoção da glândula pituitária. Foi demonstrado que a remoção da hipófise afectava o crescimento, a reprodução, o metabolismo e outras funções. Extractos da pituitária anterior foram capazes de reverter estes efeitos. As hormonas hipofisárias acabaram por ser purificadas a partir desses extractos. Mais tarde, nas décadas de 1960 e 1970, RCL Guillemin, Andrew V. Schally e Vincent du Vigneaud ganharam prémios Nobel ao purificarem e sintetizarem as hormonas hipofisárias e hipotalâmicas e ao demonstrarem que a hipófise é efetivamente regulada pelo hipotálamo.

Um passo importante na compreensão do mecanismo de ação das hormonas foi a descoberta do AMP cíclico, o primeiro dos chamados segundos mensageiros (moléculas de sinalização celular), na década de 1960. É produzido a partir do ATP quando as hormonas peptídicas na corrente sanguínea se ligam aos receptores hormonais e é a molécula sinalizadora de muitas hormonas que são os "primeiros mensageiros". O AMP cíclico ativa algumas proteínas quinases na célula que resultam na produção de produtos da célula.

O desenvolvimento do RIA (Radio Immuno Assay) foi um dos marcos da Endocrinologia (RS Yalow, Prémio Nobel). Com esta técnica, foram descobertas muitas novas hormonas e foi possível efetuar medições precisas das concentrações hormonais. Desde os anos 70 até à atualidade, as técnicas de biologia molecular têm vindo a ser aplicadas à endocrinologia. Para além da descoberta de novas hormonas, foram descobertas novas funções para as hormonas conhecidas e foram expostos novos receptores. Foram sintetizadas artificialmente numerosas hormonas, especialmente péptidos e prostaglandinas.

Surgiu recentemente um novo domínio da endocrinologia ambiental. Muitas substâncias químicas encontradas na natureza revelam-se hormonas, ou funcionam como hormonas quando estão dentro do corpo. Para além disso, os químicos sintéticos têm efeitos endócrinos inesperados. Têm sido um grande centro de atenção recentemente, devido aos seus potenciais danos e benefícios. Por exemplo, os pesticidas podem ser considerados como hormonas. Exterminam as pragas, mas também afectam os animais, actuando como hormonas. As plantas podem produzir substâncias semelhantes ao estrogénio, chamadas fitoestrogénios. Uma das substâncias mais comuns que suscita preocupação é o acetato de bisfenol (BPA), um plastificante que foi proibido em alguns países. Estas substâncias serão abordadas num capítulo posterior.

Definições de termos-chave

Endócrino: O termo endocrinologia vem da palavra "endócrino", que significa secreção interna. As hormonas podem ser definidas como mensageiros químicos que viajam através do sangue ou de outros fluidos corporais

Parácrina: Comunicação entre células adjacentes (Figura 1.2). Por exemplo, as células dos ilhéus do pâncreas têm uma comunicação parácrina sem que as hormonas entrem no sistema sanguíneo. Estas são as células destruídas no caso da diabetes tipo I.

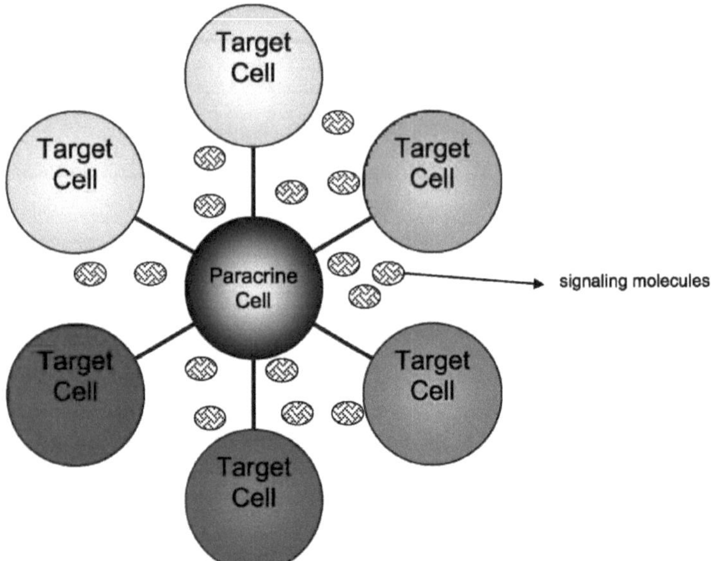

Figura 1.2 Comunicação parácrina

Autócrina: Regulação dentro de uma única célula. Exemplos deste tipo de comunicação podem ser encontrados nos neurónios GnRH e na libertação de interleucina-1 pelos monócitos

Células-alvo: São as células que respondem a uma hormona. Por outras palavras, são as células que têm receptores para uma determinada hormona.

Recetor: Uma proteína que se liga a uma hormona e provoca uma resposta biológica.

Neuro-hormona: Hormonas produzidas pelos neurónios.

Neuroendócrinas: Hormonas libertadas para o sangue pelos nervos.

Neurotransmissor: Componentes que transportam, "transmitem" informações de impulsos nervosos. Actuam de forma transináptica.

Factores de crescimento: Factores que provocam uma resposta de mitose (substâncias mitogénicas), geralmente parácrinos ou autócrinos.

Citocinas: Mensageiros químicos das células imunitárias.

Feromonas: Mensageiros químicos libertados para o ambiente exterior para comunicação com outros membros da mesma espécie.

A maioria das definições dadas aqui são, de facto, pouco precisas. Uma substância pode ter um efeito endócrino num local e um efeito parácrino ou autócrino noutro local.

Feedback negativo: O aumento do nível de uma hormona ou fator diminui a secreção de outra hormona. Por exemplo, a hormona luteinizante (LH) aumenta os níveis de testosterona, o que inibe a secreção de LH. A maioria das hormonas é regulada pelo mecanismo de feedback negativo. Este sistema assemelha-se a um termóstato térmico que mantém a temperatura dentro de um intervalo estreito. Quando o nível de uma determinada hormona aumenta, o sistema diminui o estimulador dessa hormona. Quando a hormona desce abaixo de um determinado nível, o mecanismo de retroação negativa entra em ação e fá-la regressar ao nível estável. Por exemplo, quando se consome açúcar, os níveis de glucose aumentam no organismo. Quando a glicose aumenta, a insulina é libertada. A insulina faz com que a glicose seja transportada para o fígado e outras células e, assim, a glicose na corrente sanguínea diminui. Se a glicose diminuir demasiado, o glucagon traz de volta a glicose armazenada no fígado para a corrente sanguínea (Figura 1.3). Tanto a glucose como o glucagon são libertados pelo pâncreas. Assim, o pâncreas desempenha o papel de um termóstato que regula a temperatura, exceto que regula o nível de glicose na corrente sanguínea. Quando o corpo necessita de energia e não há glicose suficiente na corrente sanguínea, a primeira coisa a ser utilizada é a glicose armazenada no fígado sob a forma de glicogénio.

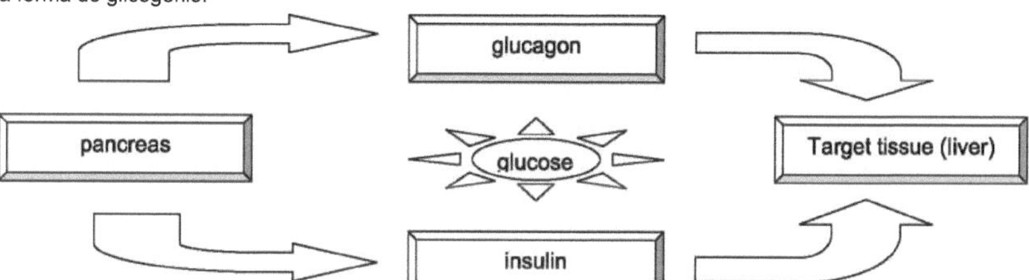

Figura 1.3 Ciclo do açúcar

Feedback positivo: A hormona A aumenta a hormona B e a hormona B aumenta a hormona A. O mecanismo é instável em si mesmo, o que permite o controlo! Eis como: A hormona A, por exemplo o estradiol, aumenta a hormona B, por exemplo a LH. A hormona B (LH) volta a aumentar a hormona A (estradiol) que, por sua vez, aumenta ainda mais a LH. Este ciclo continua até o pico de LH chegar a um ponto em que, de facto, elimina o estradiol e termina o ciclo. Desta forma, o mecanismo de feedback controla-se a si próprio, autodestruindo-se. Ser instável, neste caso, proporciona a autodestruição e, por conseguinte, o controlo, a linha de chegada. Este mecanismo é menos comum do que o feedback negativo.

Dois sistemas hormonais: A hormona A aumenta o nível de um metabolito. A hormona B diminui o nível do metabolito. Por exemplo, a insulina diminui a glucose no sangue, mas o glucagon aumenta-a. Da mesma forma, a aldosterona diminui o sódio, enquanto o fator natriurético atrial o aumenta.

Meia-vida (t 14): tempo necessário para que meia dose de hormona seja eliminada da circulação. A semi-vida é determinada pela estrutura da hormona. Por exemplo, os péptidos mais curtos têm um t 14 mais curto do que os péptidos mais longos. Os péptidos ligados a proteínas de ligação duram mais tempo do que os que não estão ligados a nenhuma proteína de ligação. A semi-vida pode ser de minutos ou horas, dependendo da hormona. As hormonas que terminam a sua tarefa são degradadas mesmo que a sua semi-vida não tenha terminado. Por exemplo, as hormonas ligadas aos receptores nas células alvo são destruídas. Isto é necessário para que as hormonas não estimulem demasiado a célula, mas façam apenas o que é suposto fazerem.

Meia-vida de um péptido: Os péptidos são dois ou mais (até 50) aminoácidos ligados pelo grupo carboxilo de um aminoácido e pelo grupo amino de outro. As cadeias mais longas de aminoácidos são designadas por proteínas. Os péptidos são normalmente decompostos no fígado ou nos rins.

LEMBRETE: As hormonas têm três tipos de acordo com a sua estrutura: Peptídeos (aminoácidos), esteróides (lípidos) e prostaglandinas/eicosanóides (produzidos a partir do ácido araquidónico).

As prostaglandinas são constituídas por ácidos gordos, mas actuam como se fossem constituídas por aminoácidos, no que diz respeito à localização dos receptores e ao t *Vz*.

1. Exopeptidases: Enzimas que decompõem os péptidos no fígado ou no rim. Clivam (cortam) os aminoácidos nas extremidades das moléculas. As exopeptidases não são específicas das hormonas, mas podem clivar muitas e a maioria das hormonas.
2. Endopeptidases: Enzimas que clivam os péptidos internamente. São frequentemente específicas de uma hormona ou de uma família de hormonas. A insulinase e a peptidilglicina alfa-amidante monooxigenase (PAM, um degradador de múltiplos neuropeptídeos) são exemplos de endopeptidases.

Taxa de depuração metabólica: Taxa de depuração da corrente sanguínea ou de outro fluido biológico. Pode ser medida em nanogramas por unidade de tempo. A definição de meia-vida e taxa de depuração metabólica é pouco clara, especialmente quando a taxa de depuração é medida em unidades de tempo. Nesse caso, é o dobro da semi-vida. A taxa de depuração metabólica depende do fluxo sanguíneo (mais fluxo significa uma depuração mais rápida), da função hepática e renal (se os órgãos funcionarem mais, as hormonas serão degradadas mais rapidamente) e da depuração de outros locais, como a saliva, o suor, o intestino, o coração, o cérebro, etc. Por vezes, a taxa de depuração metabólica pode afetar as concentrações hormonais. Descobriu-se que uma dieta rica em energia diminuía as concentrações séricas de progesterona e a fertilidade das ovelhas. Este facto baseou-se na ideia de que os animais que ingeriam uma dieta energética elevada teriam níveis mais elevados de progesterona. No entanto, é agora claro que uma dieta rica em energia aumentará o fluxo sanguíneo do fígado, o que aumentará a decomposição da progesterona, diminuindo a progesterona sérica, o que pode causar uma diminuição da fertilidade precoce.

Esteróides e degradação da hormona tiroideia: Os esteróides são hormonas produzidas a partir do colesterol. Podem ser degradados no fígado, tal como os péptidos. No fígado, podem ser sulfatados ou ligados ao ácido glucurónico, aumentando assim a sua solubilidade aquosa. Algumas partes vão para a urina; outras passam para os intestinos a partir do sangue (através da bílis intestinal) e são excretadas nas fezes.

Decomposição das aminas: As aminas são degradadas por duas enzimas principais: MAO (Mono Amina Oxidase) e COMT (Catecol-O-Metil-Transferase). Os inibidores destas enzimas estão a ser utilizados no tratamento de muitas perturbações psiquiátricas.

Proteínas de ligação: Algumas hormonas circulam livremente na corrente sanguínea, sem proteínas de ligação. No entanto, algumas hormonas estão ligadas a proteínas e a quantidade de hormonas ligadas é superior à quantidade de hormonas não ligadas. A ligação das hormonas às proteínas é como armazenar as hormonas na corrente sanguínea. Quando necessário, separam-se das proteínas de ligação e vão para o seu destino. Libertar as hormonas das proteínas demora menos tempo do que sintetizá-las (a forma ligada é a hormona de reserva). É como fazer bolachas de manhã. Se a massa tiver sido feita na noite anterior, a cozedura dos biscoitos demorará menos tempo do que no caso em que a pessoa tem de preparar a massa e depois cozer. Ou então, é mais fácil encontrar um apartamento com antecedência e mudar-se para ele na noite do casamento do que procurar um apartamento logo após a cerimónia de casamento! Para além de aumentarem a semi-vida das hormonas, as proteínas de ligação também aumentam a solubilidade das hormonas. Por exemplo, as hormonas esteróides são lipofílicas. Normalmente, atravessam a membrana, mas não podem ser dissolvidas num líquido aquoso como o sangue.

Proteínas de ligação à tiroide

TBG: A globulina de ligação à tiroxina liga cerca de 70 por cento da T4 (hormona da tiroide com 4 iodo).

TBP: A pré-albumina de ligação à tiroxina liga 15 a 20 por cento da T4.

Albumina: Ligante não específico de muitas hormonas. Pode ligar quase todas as hormonas. Se a albumina for misturada com a urina, ligar-se-á às proteínas nela contidas e a cor ficará preta. A albumina liga-se a 5 a 10 por cento da T4.

Globulina de ligação às hormonas sexuais: Esta proteína de ligação liga 40 por cento da testosterona, outros 40 por cento ligam-se à albumina e cerca de 15 por cento a outras proteínas e estrogénios. A proteína de ligação aos androgénios (ABP) liga a testosterona nos testículos. É produzida nas células de Sertoli nos testículos e não é libertada na corrente sanguínea para circulação. A ABP move a testosterona dos testículos para o epidídimo. À medida que a testosterona e a FSH aumentam, a produção de ABP também aumenta.

Globulina de ligação a esteróides corticosteróides (CBG): É também designada por transcortina. Esta proteína liga-se a 95 por cento do cortisol, ligando-se também à progesterona. Quando ligada ao cortisol, aumenta a sua meia-vida para 80 minutos. Quando a CBG se liga à aldosterona (hormona do sódio), a semi-vida da aldosterona aumenta até 30 minutos.

Tanto a CBG como a TBG são produzidas no fígado, aumentam muito durante a gravidez e estão relacionadas com a família dos inibidores da serina protease.

IGF (Insulin Like Growth Factors - Factores de crescimento semelhantes à insulina): Os factores de crescimento são factores mitogénicos (causam mitose), normalmente parácrinos ou autócrinos. Os IGFs têm 6 proteínas de ligação conhecidas (BP1...BP6). Algumas proteínas de ligação estimulam e outras inibem os IGF. Recentemente, foi descoberta uma segunda classe de proteínas de ligação, para além das BP1...BP6. Estas são designadas IGFBPRP (IGF Binding Proteins Related Proteins). Mais hormonas do que as mencionadas anteriormente possuem proteínas de ligação. A hormona do crescimento (GH), a prolactina e a leptina são semelhantes às citocinas em termos de proteínas de ligação e do tipo de recetor a que se ligam.

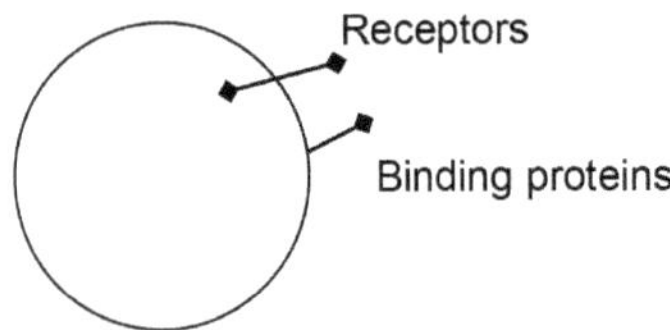

Figura 14 As proteínas de ligação são por vezes versões curtas dos receptores

As proteínas de ligação têm apenas a parte extracelular dos receptores. O papel das proteínas de ligação não é bem compreendido em muitos casos.

Algumas doenças endócrinas:

As doenças podem ser o resultado de hiper ou hipossecreção. Existem dois tipos de secreções anómalas:

1. Hiper ou hipo secreção primária: O problema está na glândula que produz a hormona. Por exemplo, se a glândula tiroide estiver a queimar o óleo da meia-noite, então o problema chama-se hiper primário.
2. Hiper ou hipo secreção secundária: O problema é com a hormona trópica. Se uma hormona que estimula uma segunda hormona, como a TSH que estimula a tiroide, for segregada em excesso ou em falta, chama-se hiper ou hipo secreção secundária. Por exemplo, a produção de TSH na glândula pituitária pode aumentar ou diminuir muito por várias razões. Se a TSH for produzida em excesso, a tiroide também é produzida em excesso, o que provoca um metabolismo acelerado e o doente perde muito peso. Neste caso, a TSH é a hormona trópica. Os sintomas primários e secundários são os mesmos, mas os tratamentos para os dois podem ser diferentes.
3. Insensibilidade: Deficiência ou falta de receptores. Pode tratar-se de uma falta genética de receptores, como acontece na insensibilidade aos androgénios, uma perturbação da diferenciação sexual ou, por exemplo, na diabetes de tipo II, em que os doentes têm receptores de insulina insensíveis com sensibilidade diminuída.

CAPÍTULO 2

Métodos de investigação, classificação e síntese de hormonas

Radioimunoensaio (RIA) : Mede a concentração de hormonas no sangue, tecidos, fluidos corporais, fezes, etc. É utilizado na medição de hormonas em casos de doenças endócrinas, na medição de medicamentos, na medição do nível hormonal de animais selvagens através da observação das fezes recolhidas, etc. O método utiliza anticorpos para medir os níveis hormonais. A hormona presente na amostra recolhida e a versão marcada radioactivamente da mesma hormona são misturadas após a adição dos anticorpos. Ambas as hormonas competem para se ligarem aos anticorpos. Se a concentração de hormonas na hormona da amostra for baixa, mais hormonas marcadas se ligam aos anticorpos, ao passo que se a concentração na hormona da amostra for elevada, mais hormonas não radioactivas (hormonas da amostra) se ligam aos anticorpos. Se a radioatividade for elevada, isso significa que uma maior quantidade da hormona padrão marcada se liga aos anticorpos e que a concentração de hormonas na hormona da amostra é baixa. Se o oposto for verdadeiro (baixa radioatividade), isso significa que a amostra recolhida tem uma concentração elevada da hormona de interesse.

Elevada radioatividade: baixa concentração de hormonas na amostra

Baixa radioatividade: elevada concentração da amostra

A radiação é medida em CPM (contagem por minuto). É concebida uma curva padrão utilizando radioatividade conhecida. Por exemplo, se se sabe que 1 nanograma do pellet apresenta 2000cpm e 2ng tem 1000cpm, então o pellet que apresenta 1500cpm deve incluir 1,5ng da hormona da amostra. Em suma, este método mede a ligação competitiva da amostra e das hormonas marcadas.

Vantagens: É muito sensível, muito exato. Pode medir níveis de nanogramas ou picogramas. Medindo frequentemente as amostras, é possível medir as alterações dos níveis hormonais.

Desvantagens: O anticorpo pode ligar-se a outros componentes (reatividade cruzada). Nesse caso, mostra a hormona da amostra mais concentrada do que é na realidade (sobrestimação). Isto deve-se ao facto de o anticorpo não se ligar à hormona marcada, o que faz com que a radiação seja baixa no sedimento. Ou então, alguns componentes do soro podem ligar-se à hormona da amostra, impedindo-a de se ligar aos anticorpos (paralelismo). Nesse caso, os anticorpos ligam-se mais às hormonas marcadas, fazendo com que a radiação seja elevada no sedimento (subestimação).

Ensaio de imunoabsorção enzimática: ELISA

Este método também utiliza anticorpos contra uma hormona. Os anticorpos são frequentemente acoplados a uma enzima que, quando activada, provoca uma reação de mudança de cor. Estes métodos podem ser muito quantitativos quando a mudança de cor é medida por uma máquina que mede a absorção de luz de um determinado comprimento de onda e compara as amostras com a absorção de uma curva de concentrações padrão. Os ELISA também podem ser ensaios simples do tipo sim ou não, baseados na presença ou ausência de uma hormona. Os kits de teste de gravidez em casa são este tipo de ELISA que mede a gonadotropina coriónica humana (HCG). Muitas das vantagens e desvantagens do teste ELISA são as mesmas que as do teste RIA, mas com o teste ELISA não há resíduos radioactivos.

Bioassay: Embora o RIA e o ELISA meçam as hormonas imunoactivas, a atividade biológica das hormonas pode ser diferente. As hormonas podem existir em formas com bioatividade diferente, mas as formas seriam indistinguíveis com um imunoensaio. A bioatividade é medida com bioensaios. Grande parte da investigação endócrina inicial utilizava bioensaios. Os níveis hormonais costumavam ser medidos apenas com bioensaios. Por exemplo, administrava-se uma hormona a uma ave e, se as penas da ave ficassem mais escuras, concluía-se que a hormona em causa estava presente na amostra (a hormona aumentava a testosterona e, por conseguinte, escurecia as penas). Atualmente, é mais provável que os bioensaios utilizem células in vitro para medir uma resposta. Na investigação atual, os RIA são normalmente utilizados em oposição aos bioensaios. Os bioensaios podem ser utilizados em combinação com os RIA e pode ser calculada uma relação entre a atividade biológica e a imunológica (B:I).

Problemas: O bioensaio pode não ser quantitativo. A atividade in vitro (no exterior) pode nem sempre refletir a atividade in vivo (no interior do organismo). Quando uma hormona é injectada na corrente sanguínea, pode não mostrar qualquer efeito porque a taxa de depuração pode ser muito elevada, removendo a hormona da corrente sanguínea muito rapidamente. Por exemplo, a MSH (hormona estimulante da melanina) provoca a produção de melanina, que foi medida pelo escurecimento da pele da rã. No entanto, se a taxa de depuração metabólica for demasiado elevada, a MSH será removida da corrente sanguínea antes de poder escurecer a pele. Assim, os investigadores comunicarão erradamente a ausência de MSH na amostra injectada.

Imunocitoquímica: Este método utiliza anticorpos para medir a presença de hormonas. Os anticorpos são aplicados a uma secção de tecido ou a células in vitro. Podem ser utilizadas reacções de fluorescência ou enzimáticas para determinar a presença da hormona ou do recetor.

Problemas: A fixação do tecido pode levar a alterações nas proteínas, causando insensibilidade e uma subestimação, ou o contrário pode ocorrer com reacções inespecíficas. Se forem administrados demasiados anticorpos, estes podem ligar-se a diferentes componentes do tecido e a reação é sobrestimada. Se for administrada uma quantidade insuficiente de anticorpos, estes podem não encontrar todas as hormonas e ligar-se a elas. Neste caso, a presença de hormonas é subestimada. Assim, este método requer o conhecimento da quantidade aproximada de hormonas no tecido específico e de algumas. No entanto, atualmente existem kits vendidos comercialmente, pelo que é mais fácil realizar este método com êxito.

Hibridização in situ: Este método localiza a produção de ARN mensageiro (ARNm) utilizando sondas de ADN complementar (ADNc) ou ARNc. O ADN complementar é produzido utilizando um modelo de ARN mensageiro e, normalmente, a forma de cadeia simples é utilizada na sondagem. As sondas marcadas radioactivamente ligam-se ao ARNm de interesse. O método é sensível mas não quantitativo.

Western Blotting: Este método detecta proteínas, enquanto os métodos anteriormente mencionados detectam ARNm. O método pode ser utilizado para medir a ligação de proteínas. Detecta proteínas em gel utilizando anticorpos ou ligandos marcados (algo que se liga à proteína de interesse, como a hormona e o recetor). As proteínas são separadas por peso molecular ou ponto isoelétrico. O método pode ser quantitativo com sensibilidade moderada. Um problema que afecta a sensibilidade é que as proteínas podem ser desnaturadas no processamento e podem não se ligar ao anticorpo.

Southern blotting: Este método é normalmente utilizado em estudos de genética molecular e não muito em endocrinologia. É semelhante ao northern blotting, mas as moléculas transferidas são moléculas de ADN em vez de ARNm.

Southwestern blotting: Esta é uma variante do southern blotting. É utilizada para encontrar proteínas que se ligam a moléculas de ADN. Os nomes destes blots provêm do primeiro método de blotting inventado, o southern blotting. O apelido do biólogo britânico M.E. Southern foi utilizado para nomear o método. Os métodos inventados posteriormente são designados em conformidade.

Ensaio de radioreceptores: Este método mede o número de receptores depois de os isolar do tecido. Rotula as hormonas e investiga se os receptores estão ligados. No entanto, os receptores podem ser danificados ao serem isolados do tecido. Além disso, podem ocorrer problemas de ligação não específica.

Autoradiografia: Este método limita-se a localizar os receptores no tecido, não os isola. A hormona marcada é administrada ao tecido ou ao animal e, em seguida, o sujeito é exposto a raios X para detetar a radioatividade.

Microdialse: Este método recolhe amostras in vivo do tecido. Ou seja, a amostra é retirada do animal enquanto este ainda está vivo. Por exemplo, é inserida uma sonda no cérebro de um rato. Algum fluido corre para a ponta da sonda que toca no cérebro. As partículas do cérebro passam para o fluido através da membrana de diálise. Quando o fluido volta a subir, está pronto para ser analisado utilizando métodos como RIA, HPLC, etc. O problema com este método é que apenas as moléculas pequenas podem passar a membrana e as partículas grandes podem não ser vistas pelos investigadores.

Métodos de medição de ARN

Hibridação do Norte: Este método determina a quantidade de ARNm. A determinação da quantidade de ARNm produzida indica a taxa de síntese da proteína em causa. Depois de as sondas de cADN se ligarem ao ARNm, a amostra é extraída, colocada num gel, transferida para uma membrana (filtro) e hibridizada com ARN ou ADN marcado. A sensibilidade pode ser um problema.

Reação em cadeia da polimerase com transcriptase reversa (RT-PCR)

Esta técnica utiliza a PCR para fazer cópias de ARN e pode ser utilizada para quantificar os níveis de ARN num tecido. É mais comummente utilizada do que outros métodos de deteção de ARN.

Microarrays

Este método pode ser utilizado para identificar vários genes com expressão aumentada ou diminuída num tecido após um tratamento experimental. A sua vantagem é o facto de serem identificados vários genes de uma só vez. No entanto, recomenda-se geralmente que esta diferença de expressão seja confirmada com RT-PCR.

Ablação: Os investigadores que utilizam este método removem ou substituem a hormona e observam os efeitos. A castração é um bom exemplo deste método. Para além da remoção cirúrgica, a ablação pode ser feita por eliminação de genes. A ablação é frequentemente combinada com a substituição da hormona ou, em épocas anteriores, com extractos de tecidos, se a hormona purificada não estiver disponível.

Imunoneutralização: É administrado um anticorpo para parar os efeitos da hormona em questão e observar os efeitos. O método pode ser aplicado de forma ativa ou passiva. Se for feito ativamente, o animal é vacinado contra a hormona. O método ativo é lento mas persistente. O método passivo cria anticorpos noutro local e administra-os a sujeitos de investigação; é um método de ação curta.

Classificação e síntese das hormonas:

Estrutura: As hormonas de diferentes estruturas incluem esteróides, péptidos e prostaglandinas (ácidos gordos).

Origem: O tecido de origem das hormonas pode ser o cérebro, a pituitária, o pâncreas, os testículos ou os ovários (gonadais).

Função: As hormonas podem ser caracterizadas por função, por exemplo, funções metabólicas ou de crescimento.

Classificação pela estrutura:

Existem dois tipos de hormonas, se forem classificadas em termos gerais pela sua estrutura: lipofílicas e lipofóbicas.

Lipofílicos: Os esteróides e as hormonas da tiroide são lipofílicos e têm baixa solubilidade no sangue (se não estiverem ligados a proteínas de ligação).

Esteróides: Podem atravessar a membrana plasmática e têm receptores no interior da célula (receptores intracelulares). A maior parte dos esteróides circula no sangue ligada a proteínas de ligação.

Os esteróides são produzidos a partir do colesterol, que tem 27 carbonos. O colesterol (Figura 2.1) é o precursor dos esteróides. Ou seja, os organismos necessitam de colesterol para a produção de esteróides. Embora pareça que os vegetarianos possam ter um menor grau de produção de esteróides, não há provas que o demonstrem. Isto pode dever-se ao facto de os mamíferos serem capazes de produzir colesterol a partir de outros componentes ingeridos com os alimentos.

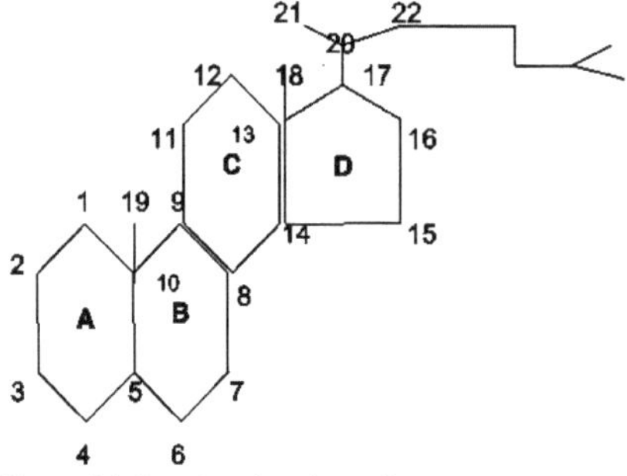

Figura 2.1, Estrutura do colesterol:

O número de carbonos, o número e a localização dos grupos laterais afectam os efeitos biológicos dos esteróides. Por exemplo, a progesterona tem 21 carbonos, mas alguns esteróides com acções semelhantes à progesterona (progestagénios) têm apenas 19 carbonos. O estradiol 17-0 é aproximadamente dez vezes mais potente do que o estradiol 17-a devido à orientação do grupo hidroxilo no carbono 17. As hormonas esteróides estão divididas em 4 grupos funcionais: Progestagénios acima mencionados, Estrogénios (18C), Androgénios (19C) e Corticóides (21C, produzidos pelo córtex adrenal).

Hormonas da tiroide: Existem duas hormonas tiroideias principais: a tiroxina (T4) e a triodothyronine (T3). A tiroxina é composta por 2 tirosinas e 4 iodo, razão pela qual se chama T4. É constituída por duas moléculas de DIT (Di-Iodotirosina). A triidotironina tem 2 tirosinas e 3 iodo, razão pela qual o seu nome começa por trio, que significa três em latim. Tem uma DIT e uma MIT (Mono-Iodotirosina) e é produzida principalmente em tecidos fora da tiroide, removendo um iodo da T4. Além disso, é produzida no organismo uma T3 inversa que não tem efeitos semelhantes aos da hormona. A posição de um iodo é diferente entre a T3 e a T3 inversa.

Lipofóbicas: Esta classe de hormonas inclui os péptidos, as aminas e as prostaglandinas. São solúveis no sangue, mas não conseguem atravessar a membrana celular. No entanto, têm receptores na membrana celular. Esta classe de hormonas é maioritariamente livre, não estando ligada a proteínas de ligação. Têm uma semi-vida curta.

Péptidos: São cadeias de aminoácidos. São sintetizados tal como as outras proteínas (através do ARNm nos ribossomas). Muitos são encontrados como membros de famílias de péptidos relacionados.

Aminas biogénicas: Os péptidos incluem mais do que um aminoácido, enquanto as aminas biogénicas são constituídas por apenas um aminoácido. São produzidas no organismo através da modificação do aminoácido precursor. Exemplos disso são a dopamina, a epinefrina (adrenalina) e a melatonina. As aminas produzidas a partir da tirosina são designadas catecolaminas e as aminas produzidas a partir do triptofano são designadas indoleaminas. Outras aminas incluem transmissores como o GABA, o glutamato e a glicina.

Prostaglandinas: São produzidas a partir dos ácidos araquidónicos. A partir delas podem ser produzidas dezenas de hormonas diferentes (como a PGF2a). A maioria delas é produzida localmente e actua de forma autócrina ou parácrina.

Classificação de acordo com a origem: A fonte pode ser gonadal, hipofisária, hipotalâmica, tiroideia, suprarrenal ou intestinal. Se as hormonas forem classificadas tanto pela fonte como pela estrutura, recebem nomes como esteróides gonadais, péptidos gonadais, etc.

Classificação pela função: As gonadotrofinas (hormonas que estimulam a reprodução), as hormonas reguladoras do crescimento, os reguladores do cálcio, os glucocorticóides (regulam a glicose, etc.) são vários tipos de hormonas classificadas pela função.

Síntese de Hormonas

Péptidos: São sintetizados como todas as proteínas. O código de ADN é transcrito para ARNm e transportado para o ribossoma, no citoplasma. Se o código de ADN é TGC, por exemplo, o ARNm é sintetizado como ACG. Esse processo é chamado de transcrição. Se houver timina (T) no código do ADN, o ARN transcreve-a como uracilo (U), uma vez que o ARN não tem timina. Depois, no ribossoma, o ARN de transferência (ARNt) liga o aminoácido adequado com base no códão e os péptidos são produzidos. A medição dos níveis de ARNm determina a taxa de síntese dos péptidos produzidos. Podem existir grandes quantidades de hormonas armazenadas na célula, mas a medição dos níveis de ARNm determina efetivamente a taxa de produção. A hibridação in situ determina a presença de ARNm, a hibridação a norte e a RT-PCR medem a quantidade de ARNm.

Processamento diferencial: Alguns genes produzem mais do que uma hormona e a que é produzida depende do processo de produção. Por exemplo, a calcitonina ou a proteína relacionada com o gene da calcitonina (CGRP) é produzida a partir do gene, dependendo do local de início da transcrição.

Processamento pós-tradução: Certos precursores podem ser clivados em diferentes hormonas (Figura 2.2). Por exemplo, a PropiOMelanoCortina (POMC) pode ser clivada em diferentes produtos finais, como na Figura 2.2. O processamento pode ser diferente consoante os tecidos.

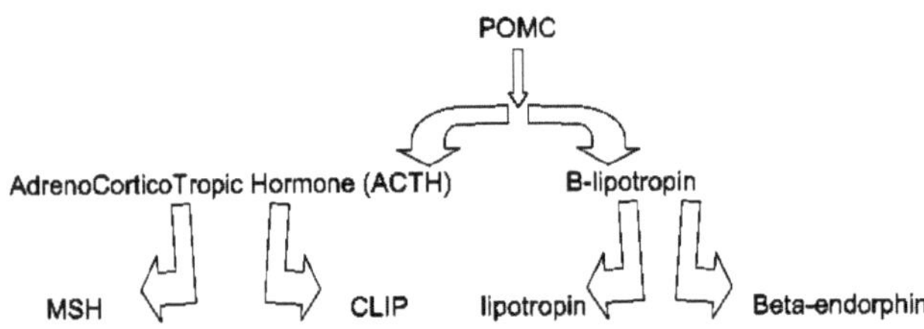

Figura *22*. Processamento pós-translacional da POMC:

Há sugestões em revistas científicas populares e nos meios de comunicação social de que o chocolate pode incluir componentes que actuam como a p-endorfina, que aumenta a sensação de felicidade nos seres humanos. Se o chocolate incluir compostos semelhantes a opiáceos ou libertar POMC, então o organismo que o consome pode efetivamente produzir p-endorfina, aumentando a felicidade, e produzir MSH, diminuindo o apetite. A sensação de "euforia do corredor" também tem sido atribuída à libertação de opióides. Em resumo, o processamento pós-tradução inclui o(s) mesmo(s) gene(s), o mesmo tecido e o mesmo produto, mas o produto é processado de forma diferente. Em diferentes tecidos, podem estar presentes diferentes misturas de produtos. Os péptidos podem também ser modificados pós-tradução por glicosilação (adição de hidratos de carbono). Se os péptidos forem glicosilados, o tempo de meia-vida e a ligação aos receptores alteram-se e ocorrem diferentes bioactividades. Isto pode ser detectado por focalização isoeléctrica (western blotting) ou por bioensaios.

Subunidades: Alguns péptidos são constituídos por subunidades a e p. Por exemplo, a LH e a FSH têm a mesma unidade a, mas unidades p diferentes. A inibina tem subunidades a e p (não são as mesmas encontradas nas gonadotrofinas), enquanto a activina tem duas das subunidades p da inibina. As subunidades são produzidas em genes diferentes. Dois péptidos separados são processados de forma diferente no ribossoma, depois juntam-se e transformam-se na hormona.

Os diferentes péptidos podem ser produzidos ou processados de diferentes formas. A insulina é produzida através do corte da sequência de ligação do precursor (Figura 2.3). O precursor é um único aminoácido. As cadeias alfa e beta da insulina são mantidas juntas por ligações dissulfureto depois de a sequência do péptido de ligação (péptido C) ser eliminada da molécula precursora.

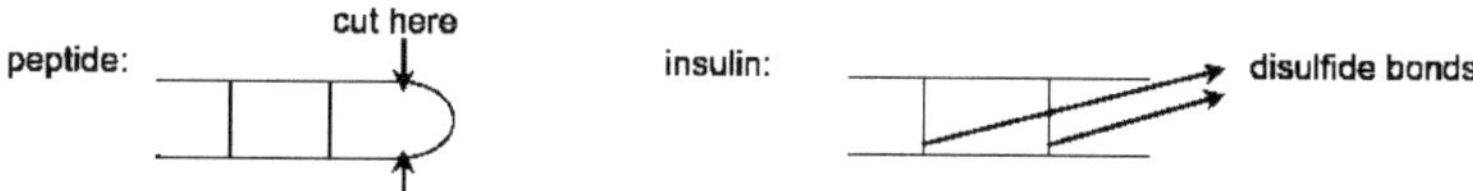

Figura 23. Fabrico de insulina:

<u>Síntese de aminas</u>: As catecolaminas (epinefrina, norepinefrina, etc.) são aminas. São produzidas a partir do aminoácido tirosina, através de alterações enzimáticas. A Figura 2.4 mostra este processo.

Tyrosine

↓ TH (Thyroxine Hydroxlase) This is the rate limiting step

L-dopa (L-DehydrOxyPhenylAlanine)

↓ AAAD (aromatic acid decarboxylase) removes the carboxyl group

Dopamine

↓ DBH (dopamine beta hydroxylase)

Norepinephrine (also called noradrenalin)

↓ PNMT (phenolethanolamine –N-methyltransferase)

Epinephrine (also called adrenalin)

Figure 2.5. Making of melatonin:

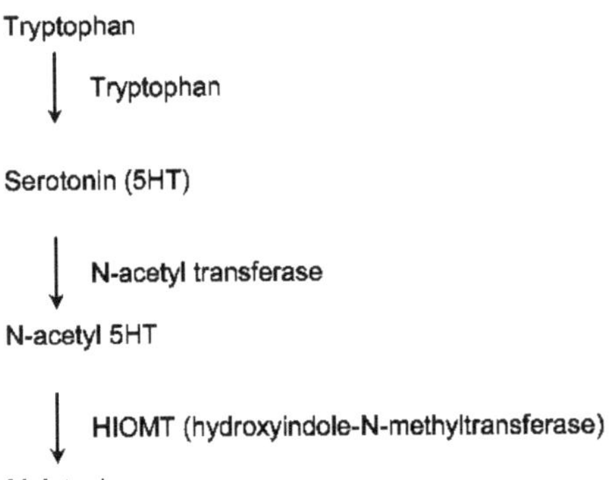

Figura 2.4. Produção de epinefrina (adrenalina):

Os produtos alimentares como o leite e o peru incluem triptofano. Se forem consumidos, podem ser convertidos em melatonina, como se pode ver na Figura 2.5, embora a quantidade de triptofano que chega ao cérebro dependa dos hidratos de carbono e de outros aminoácidos consumidos. De facto, os hidratos de carbono favorecem a absorção do triptofano. A melatonina, como se verá no capítulo 5, está relacionada com o padrão de sono. Normalmente, a secreção de melatonina está relacionada com a luz. Quando a densidade da luz diminui, a melatonina é libertada, o que tem efeitos importantes nos ritmos biológicos do organismo. A melatonina pode ser administrada por via oral e é utilizada por algumas pessoas como auxiliar do sono ou para tratar os sintomas do jet lag quando se viaja para outros fusos horários.

Prostaglandinas: As prostaglandinas (PG), os leucotrienos e os tromboxanos são produzidos a partir do ácido araquidónico. O primeiro passo na produção de prostaglandinas é a catálise pela ciclo-oxigenase (COX), que tem duas formas: COX-1 (presente na maioria dos tecidos) e COX-2 (encontrada principalmente em locais de inflamação). Muitos analgésicos comuns, como a aspirina e o ibuprofeno, inibem ambas as formas mas, devido ao papel da COX-1 na manutenção do revestimento do estômago, podem estar associados a úlceras gástricas. Foram desenvolvidos inibidores selectivos da COX-2, mas alguns foram retirados do mercado devido a efeitos secundários graves. O PG está presente em todo o corpo (ubíquo). Por outras palavras, não é produzido algures e enviado para outro local, mas sim produzido e utilizado localmente, de forma autócrina. O PG tem uma vida muito curta. É degradado pela PG Desidrogenase (PGDH), principalmente nos pulmões.

Síntese de esteróides:

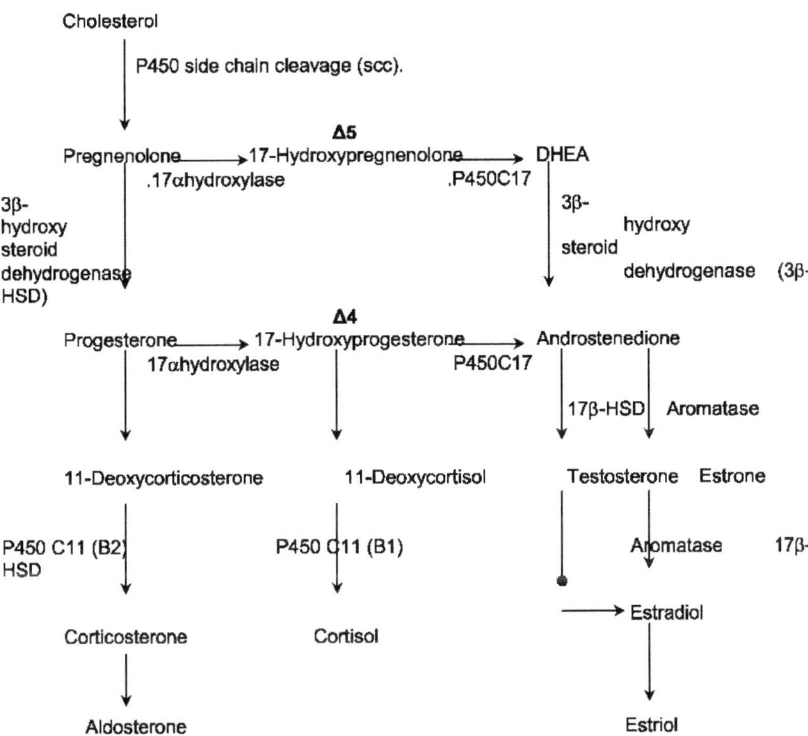

Figura *2.f>*. Fabrico de esteróides:

A síntese de esteróides começa com o colesterol e prossegue para diferentes produtos finais, dependendo do tecido. O produto final Aldosterona é um mineralocorticóide, enquanto o cortisol é um glucocorticoide. Diferentes partes do córtex suprarrenal produzem estas diferentes hormonas. O processamento pode ser interrompido em diferentes etapas em diferentes tecidos. A P450 see (clivagem da cadeia lateral) é a enzima no passo limitador da taxa. Ou seja, a quantidade de produtos finais é controlada principalmente pela P450scc. Converte o colesterol em pregnenolona. A 3P-HSD faz a conversão entre as vias A4 e A5, convertendo a pregnenolona em progesterona, e encontra-se no retículo endoplasmático liso (SER).

A maioria das etapas apresentadas na Figura 8 ocorre no retículo endoplasmático liso após a conversão do colesterol em pregnenolona, enquanto algumas ocorrem na mitocôndria. O P450c17 converte a 17-hidroxipregnenolona em DHEA na via A5 e converte a 17-hidroxiprogesterona em androstenediona na via A4. Todos os P450 são também designados por CYP para o citocromo P. Por exemplo, o P45017 é também designado por CYP17.

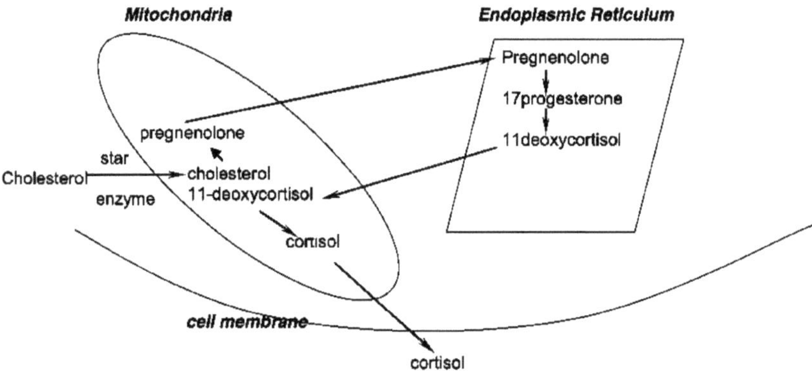

Figura 2.7. A proteína estrela e a produção de esteróides:

A proteína star (steroidogenesis acute regulatory) transporta o colesterol para a membrana mitocondrial interna. Isto é necessário para que o P450scc converta o colesterol em pregnenolona. A P450 aromatase converte androgénios em estrogénios. Encontra-se em SER de tecidos não produtores de esteróides, como o tecido cerebral, a glândula pituitária, etc. Outros factores-chave na síntese de esteróides, como as enzimas, são enzimas localizadas em tipos de células específicos. O P450 C11 tem duas formas diferentes. A B1 converte o desoxicortisol em cortisol e a B2 converte a desoxicorticosterona em corticosterona e, em seguida, a síntese de aldosterona ocorre numa área diferente do córtex suprarrenal.

A 5-Alfa redutase converte a testosterona em DiHidroTestosterona (DHT). Esta é uma forma não aromatizável de testosterona, ou seja, não pode ser convertida em estrogénio. A DHT liga-se diariamente aos receptores de androgénios. Encontra-se principalmente nos órgãos genitais, no cérebro e na pituitária. Na ausência de DHT, a testosterona pode ser convertida em estrogénio. No desenvolvimento sexual, em vez de um pénis, forma-se um clítoris e, em vez do escroto, surge uma vulva. Embora o organismo seja geneticamente masculino (é portador do cromossoma Y) e produza muita testosterona, a maior parte desta é convertida em estrogénio e o organismo parece ser feminino.

Folículo ovariano:

Teoria das 2 células e 2 hormonas: Uma única célula não possui todas as hormonas de que necessita. Por exemplo, a célula da granulosa não pode produzir estrogénio a partir do colesterol. Precisa de interagir com as células theca para poder sintetizar estrogénios. As células da granulosa produzem a progesterona, as células theca convertem a progesterona em androgénios e as células da granulosa aromatizam os androgénios em estrogénios (capítulo 9).
Esteroidogénese placentária: Em algumas espécies, a placenta produz progesterona para manter a gravidez. No entanto, não pode produzir estrogénios por si só. O córtex adrenal fetal (tecido adrenal do feto) produz androgénios, como o sulfato de DHEA, a partir da progesterona. A placenta aromatiza-os para produzir estrona, sulfato de estrona, estriol e assim por diante.
Neurosteróides: Estes são esteróides produzidos no cérebro. As células gliais do cérebro produzem pregnenolona a partir do colesterol. Outros neuroesteróides podem ser produzidos a partir de hormonas esteróides da periferia que atravessam o cérebro. Por serem lipofílicos, os esteróides atravessam facilmente a barreira hemato-encefálica. Estes neuroesteróides não interagem com os receptores nucleares de esteróides. Alguns neuroesteróides ligam-se aos receptores GABA-A (um neurotransmissor) e, assim, inibem ou estimulam o disparo dos neurónios. Por este motivo, alguns esteróides podem ser utilizados como anestésicos ou medicamentos anti-convulsivos.
Síntese da hormona tiroideia:
As hormonas da tiroide são constituídas por duas tirosinas e três ou quatro iodo. Na tiroide, a tirosina é armazenada como parte da proteína tiroglobulina. São armazenadas no lúmen dos folículos da tiroide (fora das células em coloide). Os iodo são adicionados às tirosinas quando estas são armazenadas como parte da tiroglobulina. Existem dois tipos de hormonas tiroideias, a tiroxina T4 e a triodotironina T3. Estas hormonas são constituídas por dois componentes, a DIT e o MIT. O MIT é a 3-mono-iodotirosina, ou seja, 1 iodo e 1 tirosina. A DIT é a 3,5-di-iodotirosina, que é constituída por 2 iodos e 1 tirosina.

A DIT+ DIT forma a T4 throxina. Esta é composta por quatro iodo e duas tirosinas. 80 % da produção da glândula tiroide é T4. A síntese é efectuada pela tiroperoxidase. A triiodotironina T3 é composta por três iodo e duas tirosinas. O T3 é mais potente do que o T4 e é produzido principalmente no tecido periférico pela enzima 5' mono desiodinase, que remove um iodo. A 5- monodeiodinase remove um iodo diferente do T4 e produz o T3 invertido.

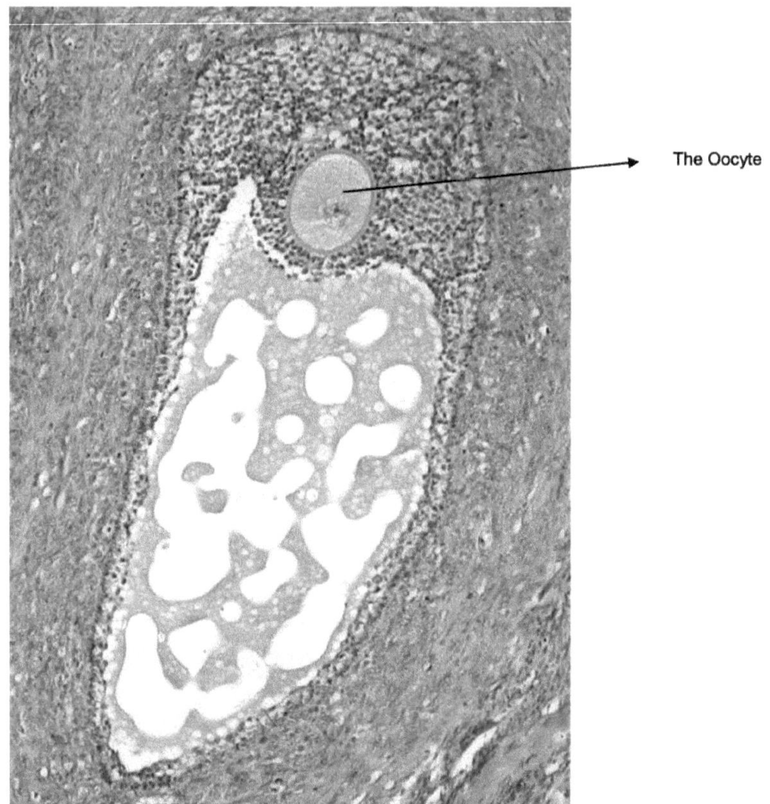

Figura 2.8 Folículo Graafiano, Ovário Humano

Fonte: Imagens patológicas e histológicas, Ed Uthrnan no Flickr.

CAPÍTULO 3

Receptores

Super família de receptores:

Os receptores são uma parte muito importante do sistema endócrino; a falta de receptores resulta na perda de funções hormonais. Por exemplo, se não existirem receptores de GH funcionais, ocorre nanismo. A falta de receptores de androgénios é a causa da insensibilidade aos androgénios, também conhecida como feminização dos testículos. Muitos receptores hormonais pertencem ao que se chama uma superfamília. Uma superfamília é um grande grupo de proteínas que partilham determinadas caraterísticas. Os receptores da superfamília nuclear são factores de transcrição. Os receptores de esteróides, os receptores da tiroide, os retinóides (vitamina A), os PPAR e alguns receptores órfãos pertencem à superfamília de receptores. Os receptores órfãos não têm um ligando conhecido (hormona que se liga ao recetor), que é a razão exacta pela qual são chamados órfãos. Depois de a hormona se ligar ao seu recetor, o recetor liga-se ao ADN como um dímero e regula a sua transcrição. A sequência de ADN a que se liga é designada por Elemento de Resposta Hormonal (HRE). Os HRE são normalmente sequências de meio sítio de 6 pares de bases organizadas como palíndromos (repetições invertidas) ou repetições diretas. Os elementos de resposta aos estrogénios (ERE) e os elementos de resposta aos glucocorticóides (GRE) são exemplos de HRE. Abaixo encontram-se exemplos de sequências de ERE e GRE, respetivamente: *AGGTCAnnnTGACCT AGAACAnnnTGTTCT*

A adenina, aqui representada pela letra A, é uma base purina azotada, emparelhada com timina (T) ou uracilo (U). O uracilo só pode ser encontrado no ARN. A timina é uma das bases pirimidinas do ADN. A guanina, representada pela letra G, é outra base purina dos ácidos nucleicos, emparelhada com a citosina (C). A citosina é uma das bases pirimidinas. Como se pode ver, os pares de bases aqui são repetições invertidas. AGGTCA é emparelhado como TCCAGT e invertido como TGACCT e juntado como o conjunto *AGGTCAnnnTGACCT.* Da mesma forma, AGAACA é emparelhado como TCTTGT e invertido como TGTTCT.

Os glucocorticóides, os mineralocorticóides, as progestinas e os androgénios ligam-se ao mesmo HRE. No entanto, não existe uma desordem nos genes de ligação dos receptores. Os HRE são os mesmos para todos eles

As hormonas, mas a presença de um recetor adequado, determinam qual a hormona que se vai ligar ao gene. No entanto, por vezes, podem ocorrer ligações incorrectas.

Os receptores têm pelo menos três domínios. São eles o domínio de ligação ao ligando, o domínio de ligação ao ADN e os domínios de ativação da transcrição. O domínio de ligação ao ADN tem 8 resíduos de cisteína que contêm iões de zinco. Estes determinam a dobragem do domínio. Ou seja, a forma como esses 8 resíduos de cisteína se ligam aos iões Zn determina a atividade da RNA polimerase. O complexo hormona-recetor actua como um fator de transcrição.

A formação de dímeros é necessária para que o recetor se possa ligar ao HRE. Existem dois tipos de dímeros, os homodímeros e os heterodímeros. Os homodímeros são dois receptores iguais ligados um ao outro. Dois estrogénios ligados entre si são um exemplo de um homodímero. Os homodímeros ligam-se normalmente a repetições invertidas. Os heterodímeros são dois receptores diferentes ligados entre si. Os receptores que formam heterodímeros são promíscuos; podem ligar-se a muitos receptores diferentes. Por exemplo, os receptores da hormona da tiroide podem ligar-se ao recetor da vitamina D ou do ácido 9-cis-retinónico (um tipo de vitamina A) e formar um dímero.

Os receptores de esteróides permanecem normalmente inactivos, ligados às proteínas de choque térmico (HSP). Quando o ligando se liga, as HSP dissociam-se, permitindo que o recetor forme um dímero e se ligue ao HRE com os dedos de zinco, activando o ADN com o domínio de ativação da transcrição. A proteína de choque térmico mais comum é a HSP90. A afinidade do recetor para os esteróides é aumentada pela HSP90. Quando o ligando se liga ao recetor, a HSP90 dissocia-se. No entanto, os receptores da tiroide e do ácido retinóico não se ligam à HSP90. Existem outras proteínas que se ligam a receptores inactivos, como a HSP70.

Receptores de estrogénio a e B:

Os receptores A e B fazem parte da superfamília dos receptores de ligandos lipofílicos. Os receptores B foram descobertos em 1996. O domínio de ligação ao ADN dos receptores a e B é idêntico em 95 %. Os domínios de ligação ao ligando apresentam uma semelhança de 55 %. A afinidade de ligação do ligando pode diferir entre os tipos de receptores. O estradiol liga-se igualmente bem a ambos, mas outros ligandos diferem na sua afinidade por um em relação ao outro. A localização nos tecidos dos receptores A e B pode ser diferente. Por exemplo, o útero inclui maioritariamente receptores a (Figura 3.1), embora também existam receptores 0. O ovário tem mais receptores 0 do que a. A próstata tem mais receptores 0. O facto de estes dois receptores se encontrarem em tecidos diferentes é uma vantagem para efeitos de diagnóstico. Por exemplo, as mulheres pós-menopáusicas tomam frequentemente estrogénios para tratar os sintomas da menopausa ou da osteoporose, mas estudos descobriram que isso poderia aumentar o risco de cancro da mama. No entanto, como os diferentes tecidos têm diferentes tipos de receptores, o problema pode ser resolvido. Foram desenvolvidos agentes farmacêuticos, designados moduladores selectivos dos receptores de estrogénio (SERM), que têm maior afinidade por um tipo de recetor do que por outro. Se houver um recetor do tipo 0 nos ossos, mas um recetor do tipo 1 nos seios, é mais seguro administrar um estrogénio que se ligue principalmente aos receptores do tipo 0. Desta forma, haverá pouca ou nenhuma ligação nos tecidos mamários, poupando o indivíduo aos riscos de cancro logo à partida.

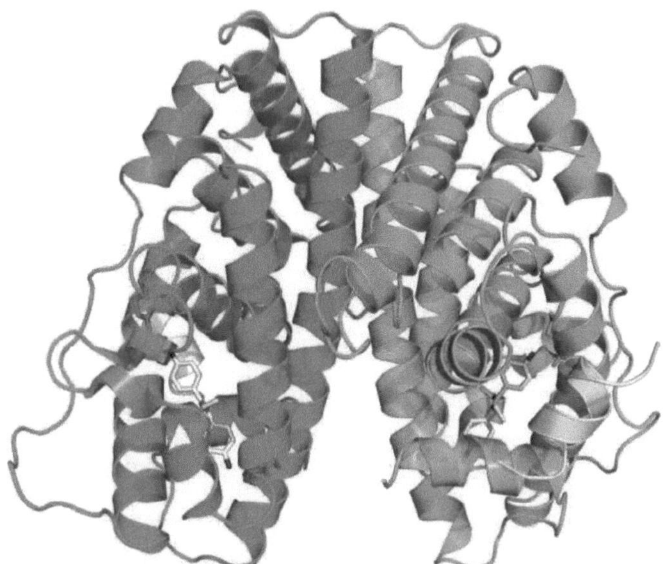

Figura 3.1. Um dímero da região de ligação ao ligando do Recetor de Estrogénio a

Fonte: Wikimedia Commons

Tal como os receptores de estrogénio podem ter funções diferentes, os anti-estrogénios têm efeitos mistos. O tamoxifeno A é um antiestrogénio utilizado no tratamento do cancro da mama, mas tem efeitos mistos de antagonista e agonista. O tamoxifeno A pode ser um agonista em alguns tecidos, como o osso, mas antagonista noutros tecidos. O efeito agonista no osso pode ser benéfico, reduzindo a osteoporose, mas pode causar um aumento do risco de cancro do útero. A combinação de efeitos agonistas e antagonistas depende do tipo de recetor e de factores específicos do tecido, como a proporção de proteínas coactivadoras e corepressoras no tipo de célula.

Os receptores de glucocorticóides são outro exemplo de organismos que desempenham funções diferentes em função de factores diferentes. Estes receptores apresentam respostas diferentes consoante a quantidade libertada. Os receptores do tipo I têm alta afinidade e ligam-se aos glucocorticóides, bem como aos mineralocorticóides. Os receptores de tipo II, por outro lado, têm baixa afinidade e ligam-se apenas aos glucocorticóides. Os receptores de tipo II necessitam de grandes quantidades de hormonas para estarem activos. Funcionam bem em casos como o stress, uma vez que este provoca a libertação de grandes quantidades de hormonas. Os glucocorticóides ligam-se aos receptores de tipo I quando libertados em pequenas quantidades, mas ligam-se aos receptores de tipo II quando libertados em grandes quantidades.

A maioria dos efeitos bem caracterizados das hormonas esteróides envolve a síntese proteica. No entanto, alguns estudos relatam efeitos rápidos dos esteróides que não dão tempo para a síntese de proteínas. Os estrogénios podem provocar a absorção de glicose ou o transporte de Ca em minutos. Mesmo os esteróides ligados a moléculas grandes, como a albumina de soro bovino, podem apresentar efeitos rápidos, embora não consigam entrar na célula. Estes efeitos são mediados por receptores de esteróides ligados à membrana. Estas proteínas de membrana assemelham-se a receptores nucleares que se deslocam para a membrana plasmática e não para o núcleo. Estes podem funcionar através de vias de sinalização celular semelhantes aos receptores de membrana celular discutidos abaixo. Além disso, foi relatado que alguns estrogénios se ligam a proteínas da membrana plasmática que são diferentes dos receptores nucleares, embora isto ainda esteja em disputa. Assim, os esteróides têm mais do que um tipo de recetor, tendo um uma resposta rápida e outro uma resposta mais lenta mas mais sustentada.

Receptores de péptidos, aminas, prostaglandinas, etc.

Os péptidos, as aminas e as prostaglandinas não podem atravessar as membranas celulares (todos os componentes de tipo proteico), enquanto os esteróides (hormonas de tipo lipídico) podem atravessar a membrana. Por conseguinte, estas hormonas (péptidos, etc.) são designadas por lipofóbicas (que têm medo dos lípidos). As hormonas do tipo esteroide são chamadas lipofílicas (adoram os lípidos).

Receptores de membrana (superfície celular):

1. Receptores acoplados à proteína G: Exemplos incluem a LH (hormona luteinizante) e os receptores 0-adrenérgicos. Estes receptores podem ser estimulantes ou inibitórios. Têm três subunidades, a, 0 e y. As subunidades 0 e y estão intimamente relacionadas. Nos receptores acoplados à proteína G, a proteína G está ligada ao recetor, "acoplada" a ele. Quando a hormona se liga ao recetor, este ativa a proteína G e troca GTP por GDP e a subunidade a separa-se das subunidades 0 e y. O complexo hormona-recetor torna-se ativo. Posteriormente, a GTPase converte o GTP novamente em GDP, de modo a estar pronta para um novo processo de ligação à hormona. Em suma, o complexo hormona-recetor ativa-se por dissociação de 0 e y. Isto pode ativar enzimas como a adenilato ciclase, que produz cAMP. Por sua vez, o AMPc ativa outras proteínas por fosforilação. Outros receptores acoplados à proteína G activam a fosfolipase A e têm efeitos através da via de sinalização do fosfoinositol, que será abordada mais adiante.

Sistema de fosfatidil inositol: O fosfatidil inositol é um fosfolípido muito importante (os fosfolípidos são os principais lípidos estruturais da maioria das membranas celulares) nos eucariotas, envolvido em processos de transdução de sinais. A proteína G ativa a Fosfolipase C, que cliva o PL (enzima, membro da subfamília dos receptores tirosina quinase) em Inositol fosfato 3 (IP3) e DAG (Di-Acil Glicerol). Estes dois actuam como 2nd mensageiros. O IP3 aumenta o Ca intracelular, que ativa enzimas como a Calmodulina (uma proteína de ligação ao cálcio). O DAG ativa a proteína quinase C. Assim, o funcionamento da célula altera-se.

2. Receptores cinases: A insulina, a GH, o IGF-1 e a prolactina têm receptores, que são eles próprios proteínas cinases. O modo de funcionamento destes receptores é o seguinte. Primeiro, o domínio extracelular liga-se à hormona. Depois, o recetor fosforila algumas proteínas, como as proteínas JAK. Depois disso, essas proteínas (JAK) fosforilam outras proteínas, como as proteínas STAT. Assim, a atividade destas proteínas (STAT) altera-se. Por exemplo, a IRS1 (Insulin Recetor Substrate) é fosforilada pela JAK, permitindo a saída

de glicose da célula. A fosforilação é normalmente efectuada através do transporte de um grupo fosfato do ATP. A resposta às hormonas varia consoante as proteínas presentes na célula. Os membros da família dos receptores de citocinas, incluindo os receptores de GH e de prolactina, são receptores quinases. Têm uma única região transmembranar. A região EC (extracelular) destes receptores é fortemente glicosilada (cadeias de glicanos, que são unidades de açúcar, são adicionadas às proteínas). Assim, o complexo hormona-recetor consegue entrar na célula. Dimeriza-se no seu interior e a proteína JAK liga-se a ele. Todo o complexo fosforila a proteína STAT e o seu recetor. A figura 3.1 mostra os receptores de insulina. Os receptores, representados a verde, encontram-se tanto no interior da célula como no exterior da membrana celular. A molécula de insulina está representada a roxo.

3. Canais iónicos: Quando a hormona se liga, um canal abre-se para deixar entrar o Ca e outros iões. Como consequência, a atividade enzimática na célula é afetada.

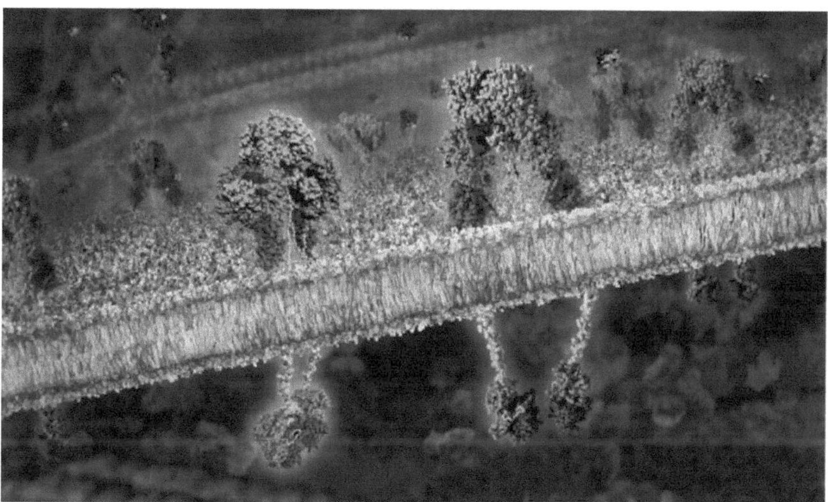

Figura 3.2. Recetor de insulina e diabetes tipo II

Fonte: Walter +Eliza Hall, Instituto de Investigação Médica, WEHImovies.

Desativação das proteínas G (resposta a uma hormona):

Dessensibilização:

Depois de a hormona fazer o seu trabalho, o recetor degrada-se e não há atividade relacionada com a hormona até que sejam produzidos novos receptores. Isto assegura que não haverá uma sobre-sensibilização na célula, impedindo-a de hiperfuncionar. Por exemplo, na ausência de dessensibilização, a proteção do organismo contra os factores nocivos da doença seria um caos. As citocinas são libertadas para combater os vírus, mas uma quantidade excessiva pode ser prejudicial para o organismo, destruindo os tecidos (cahexia). O Fator de Necrose Tumoral (TNF) a, por exemplo, pode ser muito prejudicial se for produzido em excesso, enquanto o Interleuclínico-1 p provoca artrite se a sua produção não for interrompida pelo cortisol. Interações endócrinas imunitárias Mais pormenores podem ser encontrados no capítulo 8. Seguem-se métodos de dessensibilização.

1. **Endocitose:** o termo endocitose refere-se, de facto, à ingestão de material pela célula. Isto é conseguido através da formação de uma vesícula ligada à membrana (um invólucro de membrana fechado que contém receptores activados) após a ingestão.
2. **Quinase-arrestina:** depois de o recetor ser fosforilado, a arrestina liga-se a ele, o que provoca o desacoplamento da proteína G. A quinase do recetor BARK (0-Adrenergic Recetor Kinase) é um bom exemplo de um caso de dessensibilização por quinase-arrestina. A célula alvo deixa de responder após a ligação da hormona. Isto é especialmente verdadeiro para os receptores acoplados à proteína G.
3. **Fosforilação por 2nd mensageiro:** A exposição à hormona pára a resposta durante algum tempo. O recetor ativa a proteína G, a separa-se de p e y, e o GDP converte-se em GTP. O complexo hormona-recetor torna-se ativo e ativa a adenilato ciclase (uma enzima na membrana), que transforma o ATP em AMP cíclico (cAMP). O AMP cíclico fosforila a proteína quinase A, que pode ser 3rd mensageiro. 3rd mensageiro pode ativar outras proteínas, enzimas, etc. Por exemplo, a proteína quinase A pode ativar o CREB fosforilando-o, que se liga a uma determinada sequência de ADN e aumenta a produção. Pequenas quantidades de hormonas podem provocar grandes respostas. Uma pequena quantidade de adenilato ciclase pode ativar uma grande quantidade de AMPc, a proteína cinase pode fosforilar muitos CREB diferentes e esses CREB diferentes podem ativar muitos ARNm diferentes.

Fosfodiesterase: decompõe o AMPc e interrompe a resposta. Existem diferentes formas de fosfodiesterase. A cafeína e a teofilina são inibidores não selectivos desta enzima, proporcionando uma resposta mais duradoura. Vários medicamentos terapêuticos são inibidores selectivos da fosfodiesterase. Talvez o mais conhecido seja o sildenafil (Viagra™), um inibidor da fosfodiesterase 5, que é específico para a degradação da cGMP.

CAPÍTULO 4

O cérebro e as hormonas

O hipotálamo é uma parte do cérebro que produz e liberta hormonas que regulam a glândula pituitária anterior e posterior. Estas partes da hipófise libertam hormonas que regulam o crescimento, o metabolismo, a reprodução, a resposta ao stress e muito mais. O hipotálamo actua como um tradutor entre as partes sensoriais do sistema nervoso e do cérebro a que está ligado e o sistema endócrino. Por exemplo, as retinas dos olhos têm fotorreceptores que registam a duração do dia, que acaba por ser traduzida em sinais hormonais. Ou a visão de um predador ou qualquer outro acontecimento stressante é transmitida ao hipotálamo e são segregadas hormonas de resposta ao stress. A interação entre o hipotálamo e a hipófise é abordada mais adiante.

Hormonas da Pituitária Posterior:

As hormonas da pituitária posterior são sintetizadas nos corpos celulares dos neurónios do hipotálamo. São produzidas nos núcleos supra-ópticos (SON) e nos núcleos paraventriculares (PVN) do hipotálamo (Figura 4.1). Os dois péptidos, a oxitocina (OT) e a arginina vasopressina (AVP), viajam do hipotálamo para a hipófise posterior através dos axónios dos neurónios e são libertados no sangue a partir daí. A vasopressina é também designada por hormona antidiurética. Tanto a oxitocina como a vasopressina são péptidos de 9 aminoácidos com uma sequência bastante semelhante. O estudo de hormonas relacionadas noutros vertebrados encontrou péptidos semelhantes com efeitos combinados de OT e AVP. Parecem ter-se desenvolvido a partir da duplicação de genes e tornaram-se mais especializadas nos mamíferos. Ambas as hormonas são produzidas nos neurónios magnocelulares dos núcleos SON e PVN do hipotálamo, juntamente com proteínas chamadas neurofisinas. Esta proteína transporta as hormonas para a hipófise, tal como um envelope que transporta cartas. As hormonas são separadas da neurofisina na glândula pituitária quando são segregadas. A neurofisina é clivada e as hormonas são libertadas.

A vasopressina (AVP) aumenta a pressão arterial e aumenta a retenção de água nos rins. A falta de produção de vasopressina leva à doença diabetes insipidus, caracterizada pela produção excessiva de urina aquosa. Este nome foi dado na antiguidade para o distinguir da diabetes mellitus, em que as grandes quantidades de urina produzidas contêm açúcar (glucose). A AVP tem dois tipos de receptores, V1 e V2. Os receptores V1 provocam a contração do músculo liso vascular e a constrição das veias e actuam através da via do segundo mensageiro fosfoinositol. Isto provoca um aumento da tensão arterial. Ultimamente, o mesmo tipo de receptores tem sido encontrado também na pituitária anterior, funcionando para libertar ACTH (hormona adreno-corticotrófica). São designados receptores V1b, e os receptores originais no tecido vascular são designados receptores Via. Os receptores V2 estão localizados nos túbulos distais e colectores dos rins. Provocam um aumento da retenção de água, ou seja, aumentam a quantidade de água que passa dos rins para a corrente sanguínea para concentrar a urina. Os receptores V2 actuam através do AMP cíclico.

Tudo isto é bom, mas como é que todas estas concentrações, pressões são conhecidas pelo corpo e a vasopressina é libertada quando necessário, na quantidade necessária? Isso acontece da seguinte forma.

1. Os osmoreceptores localizados no hipotálamo medem a concentração de Na (sódio). Quando a concentração de Na aumenta muito, a vasopressina é libertada, a água é retida, o sangue é diluído e o equilíbrio de fluidos do corpo permanece estável. A concentração de Na é muito importante para o corpo; não só para os níveis de água no sangue, mas também para a entrada de nutrientes nas células. As células utilizam a "bomba de Na" para absorver nutrientes através das suas membranas. A vasopressina pode prevenir a desidratação, como mencionado acima no caso da diabetes insípida. É do conhecimento geral que as pessoas que bebem cerveja vão mais à casa de banho do que o habitual. A razão para isso é o facto de o álcool inibir a vasopressina. Quando esta é inibida, a vasopressina já não consegue fornecer água à corrente sanguínea, mas em vez disso, o H_2 O fica nos rins. A urina torna-se muito aquosa, o que faz com que se tenha de andar pelo corredor até à casa de banho. O resultado é a desidratação e o sangue fica concentrado, o que faz com que a bomba de sódio trabalhe excessivamente. Apenas uma alteração de %1 na osmolaridade pode afetar a secreção de AVP.

2. Os barorreceptores do coração medem o volume e a pressão sanguínea. A diminuição do volume sanguíneo ou da pressão faz com que esses receptores enviem impulsos nervosos para o hipotálamo. A AVP é libertada, a retenção de água nos rins aumenta, os vasos sanguíneos ficam contraídos e, por conseguinte, a pressão arterial aumenta. Nas pessoas com tensão arterial baixa crónica, é possível que os barorreceptores do coração não estejam a funcionar corretamente ou que o hipotálamo não esteja a produzir AVP suficiente. Também é possível que não existam receptores de AVP funcionais suficientes no corpo, tal como o problema pode ser causado por outro fator fisiológico. Se a causa estiver relacionada com a vasopressina, é aconselhável fazer controlos regulares aos rins e prestar-lhes mais atenção, manter-se quente, ir à casa de banho com a frequência necessária, etc. Uma dieta rica em sódio pode aumentar a tensão arterial e também estimular a libertação de AVP. A vasopressina aumenta a reabsorção de água, mas também pode ter efeitos na excreção de sódio. No rato, a ativação selectiva de V1 promove a naturese (excreção de sódio), enquanto a ativação de V2 é anti-naturiética.

A ocitocina (OT) provoca contracções nas células musculares lisas, como na parede uterina durante o parto. Ela impulsiona a descida do leite ao fazer com que as células musculares mioepiteliais da glândula mamária se contraiam, comprimindo os alvéolos onde o leite é produzido. Quando as células se contraem, o lúmen do alvéolo também é comprimido e o leite desce. Quando a cria mama ou os úberes são massajados à mão antes de serem ordenhados na quinta, os neurónios enviam um sinal de impulso para o hipotálamo através da medula espinal. Em resposta, o hipotálamo liberta o sinal (oxitocina). Este tipo de descida do leite, usando o sinal através da medula espinhal, é chamado de reflexo neuro-endócrino. A resposta condicional também pode levar à descida do leite. Isto acontece com estímulos como o som da máquina de ordenha, ou ver ou ouvir o animal jovem. Esse tipo de descida não pode ser chamado de reflexo, pois não passa pela medula espinhal, mas se origina diretamente do cérebro.

A oxitocina também induz o comportamento maternal. Numa experiência, ratos fêmeas virgens comeram os ratos bebés que lhes foram dados. Elas precisam de oxitocina para ter o instinto maternal. Esta hormona é libertada durante o processo de parto, quando o feto entra na zona do colo do útero. Mais informações sobre o parto e o reconhecimento materno podem ser encontradas no capítulo 9. A oxitocina parece estar também envolvida no transporte de esperma, uma vez que aumenta as contracções uterinas. As relações sexuais aumentam a libertação de oxitocina tanto nos machos como nas fêmeas e as experiências com ratazanas indicam que pode estar envolvida na ligação entre pares. Tanto a OT como a AVP parecem desempenhar papéis importantes no comportamento que ainda estão a ser investigados. Isto será discutido mais adiante no capítulo sobre comportamento.

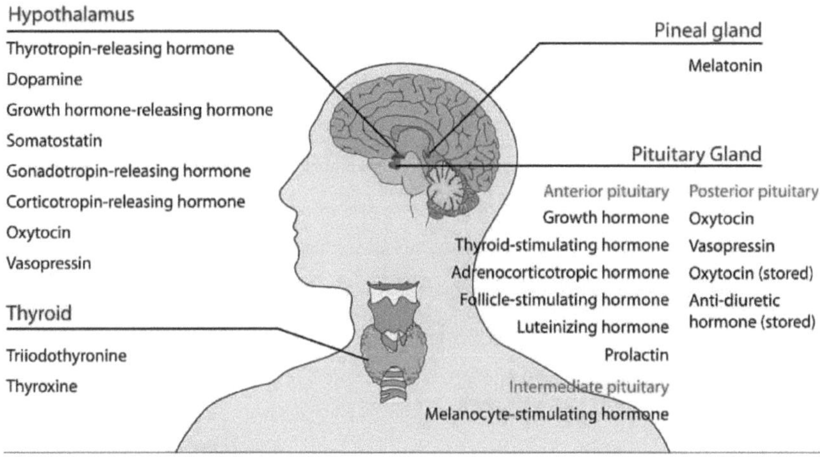

Figura 4.1 O cérebro e as hormonas

Fonte: Wikimedia Commons

Hormonas da pituitária anterior:

As hormonas da pituitária anterior incluem 3 famílias estruturais de hormonas. São elas as glicoproteínas, a família da propiomelanocortina (POMC) e a família da GH-Prolactina (PRL). Pode haver alguma sobreposição da produção por diferentes tipos de células. Isto acontece entre a mesma família de hormonas. Por exemplo, a FSH e a LH, que são ambas da família das glicoproteínas, podem ser produzidas pela mesma célula. No entanto, é pouco provável que uma célula produza hormonas de dois grupos familiares diferentes, como a FSH (glicoproteínas) e a ACTH (família POMC). Gonadotropos, tirotropos,

Os somatotropos, os lactotropos e os corticotropos são células da glândula pituitária anterior. Os gonadotropos produzem FSH e LH, os tirótropos produzem TSH, os somatotropos GH, os mamossomatotropos GH e PRL, os lactotropos PRL e os corticotropos produzem ACTH e beta endorfina. Os gonadotropos e os tirótropos produzem hormonas glicoproteicas.

As glicoproteínas são péptidos com hidratos de carbono ligados. A hormona estimulante da tiroide (TSH), a hormona folículo-estimulante (FSH) e a hormona luteinizante (LH) são glicoproteínas. A FSH aumenta o crescimento folicular dos ovários e estimula as células de Sertoli nos testículos. A LH provoca a ovulação nas mulheres e aumenta a produção de testosterona nos homens. Estas glicoproteínas têm subunidades a e p. A subunidade alfa é a mesma para todas as três hormonas, a subunidade beta confere especificidade. Membros não pituitários: Os primatas, os equinos (família dos cavalos) e os hamsters produzem gonadotrofinas coriónicas (provenientes do córion: membrana da placenta). Tal como as glicoproteínas, os membros não-pituitários têm as mesmas subunidades alfa e subunidades beta distintas. As gonadotrofinas coriónicas humanas (HOG) e as gonadotrofinas coriónicas equinas (ECG) são utilizadas em medicina (os testes de gravidez caseiros verificam a presença de HCG, por exemplo) e na gestão reprodutiva de animais domésticos.

As hormonas **POMC** (ver capítulo 2) incluem a ACTH (hormona adreno-corticotrópica), a MSH (hormona estimulante dos melanócitos) e a beta endorfina. A ACTH estimula a libertação de glucocorticóides, como o cortisol, do córtex suprarrenal. Isto significa que a secreção de ACTH está relacionada com os níveis de glicose, o stress e as funções imunitárias. A MSH provoca a libertação de melanina, que provoca alterações pigmentares na pele (cor mais escura). Está também relacionada com o sistema imunitário e, no hipotálamo, com a regulação da ingestão de alimentos. A beta-endorfina também é produzida pela POMC. É um dos opióides endógenos. Também são designadas por "hormonas do bem-estar", uma vez que podem estar envolvidas em situações como a "euforia do corredor", a diminuição da dor, etc. Muitas drogas que causam dependência, como a heroína, são produzidas a partir do produto vegetal ópio e ligam-se aos receptores destes opiáceos endógenos. A beta-endorfina e alguns outros opiáceos podem ser consultados mais pormenorizadamente no capítulo 8.

As hormonas **da família GH-PRL** são produzidas pelos somatotropos (produzem GH) e pelos lactotropos (produzem PRL). Os mamótropos produzem tanto GH como PRL. O lactogénio placentário, também chamado somatomamotropina coriónica (da placenta), pode ter efeitos semelhantes aos da GH e da PRL.

Uma forma de detetar a produção de hormonas por células individuais é o **método hemolítico inverso.** O método utiliza um ensaio em placa. O ensaio funciona da seguinte forma. Em primeiro lugar, as células hipofisárias, como os gonadotropos ou os somatotropos, são dissociadas. Em seguida, são misturadas com glóbulos vermelhos numa placa de Petri. São adicionados anticorpos correspondentes à hormona de interesse. Se a célula estiver a produzir a hormona, os anticorpos destroem os glóbulos vermelhos à sua volta e a região fica clara. A essa região clara chama-se placa. Ou seja, se a placa ocorrer na placa de Petri, é uma indicação da presença da hormona.

A GH estimula o IGF-1 a (fator de crescimento semelhante à insulina), de modo a que ocorra o crescimento. A falta de IGF- I causa um tipo de nanismo (nanismo de Laron) que não pode ser tratado com GH devido a um recetor de GH defeituoso. Além disso, a GH estimula diretamente o metabolismo da glicose. Os primatas, ovinos e caprinos têm vários genes de GH. Estes diferentes genes produzem péptidos compostos por aminoácidos ligeiramente diferentes. A importância funcional destas diferenças é desconhecida.

A PRL estimula a síntese do leite, aumenta o crescimento do pelo e da lã e induz o comportamento maternal.

Também aumenta a ingestão de alimentos. Em algumas espécies, a PRL afecta o sistema reprodutor. **Formação da pituitária:**

__A pituitária anterior__ é formada a partir da bolsa de Rathke no feto, cresce a partir do céu da boca e brota.

__A pituitária posterior__ forma-se como uma extensão do hipotálamo. A hipófise posterior não produz quaisquer hormonas, apenas as armazena e liberta quando necessário.

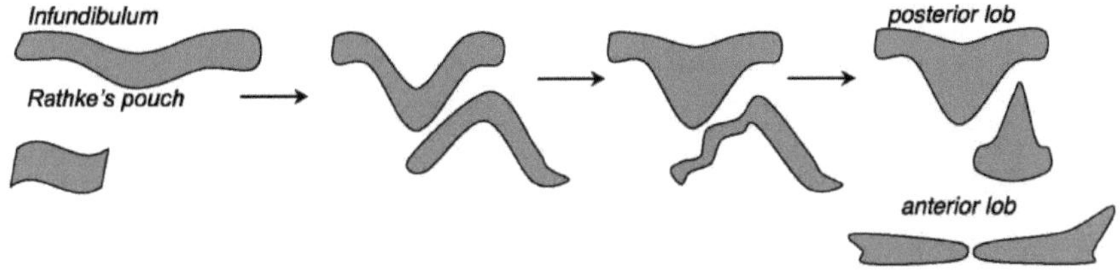

Figura 42. Formação da pituitária. Os primeiros anatomistas chamaram ao osso que separa o céu da boca do cérebro a sela turca.

__**O lobo intermédio**__ não está presente nos seres humanos. Está misturado com a pituitária anterior e, tal como a pituitária anterior, o lobo intermédio deriva da bolsa de Rathke. As hormonas POMC são produzidas no lobo intermédio. Uma doença endócrina comum em cavalos mais velhos é a Disfunção Pars Pituitária Intermédia Equina (PPID), anteriormente designada por doença de Cushing equina. A PPID pode ser causada por um adenoma benigno da pars intermedia ou por uma diminuição geral da inibição dopaminérgica deste lobo. O resultado é um aumento da secreção de ACTH que leva a um aumento da produção de cortisol. O cortisol elevado provoca perda de massa muscular, resistência à insulina, laminite (inflamação das membranas dos cascos), depósitos de gordura em determinadas zonas, especialmente no pescoço, e talvez o mais notório seja a incapacidade de perder o pelo de inverno. A resistência à insulina e a laminite podem ocorrer em cavalos obesos (Síndroma Metabólico Equino) e isto pode ser confundido com a PPID. O diagnóstico da IDPP é normalmente efectuado através do teste de supressão da dexametasona. Em cavalos normais, a dexametasona (glucocorticoide sintético) suprime a ACTH e o cortisol, mas não em cavalos com IDPP. Outro teste de diagnóstico consiste em administrar TRH e medir a ACTH. Este estará aumentado em cavalos com PPID. O tratamento é normalmente efectuado com um agonista da dopamina (Pergolide) e controlo dietético.

__**A pars tuberalis**__ é um conjunto de células em estreito contacto com a **eminência mediana** (EM). A EM é a região onde o hipotálamo liberta as suas hormonas para os capilares dos vasos portais hipofisários. A pars tuberalis tem células semelhantes às da pituitária anterior, produz LH e TSH e contém níveis elevados de receptores de melatonina (afecta a reprodução sazonal).

Estes receptores de melatonina parecem ser importantes para a regulação sazonal da PRL. Os níveis de prolactina aumentam nos dias longos/noites curtas de verão, uma vez que a melatonina só é segregada à noite. As alterações na melatonina podem levar a que a prolactina desencadeie o crescimento do pelo e a ingestão de alimentos, para que os animais possam armazenar gordura e cultivar lã ou pelo para o inverno. Os efeitos da prolactina e da melatonina, a reprodução sazonal, etc., serão abordados mais pormenorizadamente no capítulo 5. Nos ratos e nas vacas, **a fenda hipofisária** é o espaço entre os lobos anterior e intermédio. A glândula pituitária é também designada **por pars hypophysis. A pars distalis** é uma mistura de lobos interiores e anteriores que se encontra em algumas espécies.

Anatomia hipotalâmica e hormonas do hipotálamo:

O hipotálamo está localizado na base do cérebro, perto da linha média. Encontra-se por baixo do tálamo, que é uma parte importante do cérebro. Está ligado à hipófise pelo pedúnculo hipofisário. O hipotálamo está dividido em duas áreas, a área pré-ótica (POA) e o hipotálamo basal médico (MBH). A linha divisória entre a POA e a MBH é o quiasma ótico, onde os dois nervos ópticos se cruzam.

A Eminência Mediana é a região da MBH onde os capilares se ligam aos nervos. É onde terminam os nervos hipotalâmicos e começam os capilares dos vasos portais. Aí, o hipotálamo liberta hormonas que viajam nos vasos portais hipofisários até à hipófise anterior. Está em contacto estreito com a pars tuberalis.

As colecções densas de neurónios no hipotálamo são chamadas núcleos. Os núcleos são anatomicamente distintos, mas as suas funções não são conhecidas. Por outras palavras, não é claro porque é que existem colecções densas de neurónios em determinadas regiões. Um núcleo pode conter diferentes tipos de neurónios, que produzem diferentes tipos de hormonas e neurotransmissores.

POA

Esta parte está localizada na parte rostral (cabeça) ou no limite anterior do hipotálamo. Alguns anatomistas afirmam a presença de uma área hipotalâmica anterior entre a POA e a MBH. Existem três componentes da POA, o Núcleo Supra-Ótico (SON), o Núcleo Supra-Chiasmático (SON) e o Núcleo Paraventricular (PVN).

O SON produz oxitocina e vasopressina. Está localizado na parte superior dos nervos ópticos (quiasma ótico). Está presente nas duas metades do cérebro. Existem dois tipos de neurónios. Os neurónios grandes, magnocelulares, projectam-se para o lobo posterior da hipófise e os neurónios pequenos, parvocelulares, projectam-se para a eminência mediana.

O PVN encontra-se na região MBH do hipotálamo. Tal como o SON, o PVN produz oxitocina e vasopressina e é bilateral. Tal como o SON, tem neurónios magnocelulares e parvocelulares com projecções semelhantes às do SON. O PVN está localizado na parte dorsal (superior) do terceiro ventrículo. O PVN é também a fonte de CRH, que pode ser co-localizada com AVP em alguns neurónios.

O SCN está localizado logo acima do quiasma ótico. É um conjunto de células em forma de ovo. O SCN é o local do relógio biológico, ou pacemaker circadiano. Afecta o comportamento durante 24 horas, recebendo informação da retina para sincronizar o ritmo interno com o ambiente externo. No entanto, a luz diária não é o único fator que afecta o comportamento através do SCN. Numa experiência, os animais receberam luz 24 horas por dia. O seu ritmo biológico manteve-se, mas desfasou-se um pouco todos os dias, afastando-se mais dos ritmos encontrados em animais alojados num padrão de fotoperíodo normal. A este fenómeno dá-se o nome de "free running". No entanto, se o SCN for cortado do cérebro, o ritmo biológico desliga-se completamente. Parece que existe um sistema maior que garante que o ritmo não é corrompido em caso de pequenas interrupções por diferentes factores. Isto pode ser pensado como o sistema de uma "roda". Se a roda for empurrada continuamente, mover-se-á sem parar. Se for empurrada e solta, avançará mais um pouco e depois parará. Mas não pára imediatamente. A força que dá movimento a uma roda depois de a soltar é a aceleração inicial. O fator que dá movimento ao ritmo dos mamíferos depois de o ritmo do fornecimento de luz ter sido cortado é o ritmo interno do SCN. É bem possível que este conjunto de células no hipotálamo tenha algum tipo de memória elementar de curto prazo. As aves têm um sistema ligeiramente diferente para receber a luz. Fazem-no através do crânio em vez da retina. O crânio de uma ave é suficientemente fino para permitir que a luz passe através dele e chegue ao hipotálamo. O SCN regula a glândula pineal, que produz melatonina. À medida que as estações mudam, também muda a quantidade de luz num dia e, consequentemente, a produção de melatonina pela glândula pineal. O aumento da duração do dia diminui a produção de melatonina.

MBH

A MBH é a porção média do hipotálamo composta pelo Núcleo DorsoMedial (DMN), Núcleo VentroMedial (VMN) e Núcleo Arcuado (ARC).

O DMN é um conjunto de células na parte dorsal do terceiro ventrículo, posterior ao quiasma ótico. As lesões nesta área em ratos resultam em hipofagia e hipodipsia. Os neurónios NPY encontram-se neste núcleo, bem como noutros, e recebem uma contribuição significativa do SCN. Foi demonstrado que a DMH é necessária para os ritmos circadianos de alimentação, vigília e outros comportamentos. O VMN está localizado abaixo do DMN. Está envolvido no comportamento do cio em ratos e ovelhas. As fêmeas ovariectomizadas com implantes de estrogénio apenas no VMN apresentam um comportamento de lordose (permitem que os machos as montem). As lesões do VMN resultam em obesidade nos ratos, pelo que é outra área importante para a regulação da ingestão de alimentos. O CRA está localizado abaixo do VMN, em torno da parte ventral do terceiro ventrículo. Estende-se até à eminência mediana. A beta-endorfina, a hormona libertadora da hormona do crescimento (GHRH) e a dopamina são algumas das neuro-hormonas que se encontram aqui.

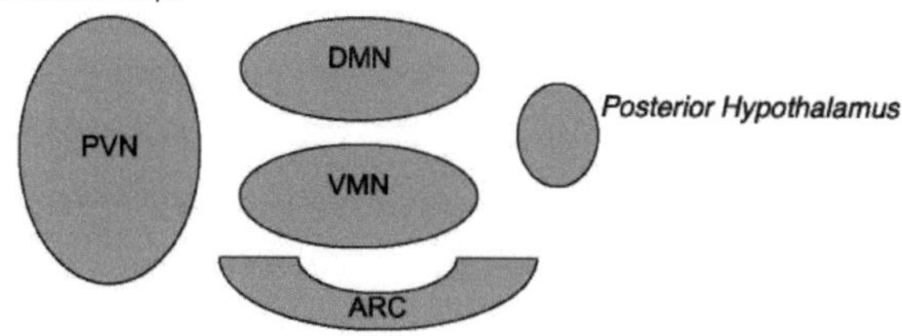

Figura 43. Estrutura da MBH

Núcleos sexualmente dimórficos (SDN)

Algumas regiões do hipotálamo são diferentes nos homens e nas mulheres. Essas regiões são chamadas de núcleos sexualmente dimórficos. Estes núcleos estão envolvidos em comportamentos como o canto diferente dos machos e das fêmeas nas aves ou a regulação diferente da secreção de gonadotropinas. Em várias espécies, um SDN é encontrado no POA. Nos ratos, a castração dos machos feminiza o SDN; no entanto, o estrogénio faz com que o SDN do POA se torne masculino.

Para os fetos, o estrogénio converte o cérebro num "cérebro de homem". Isto acontece porque apenas a testosterona consegue entrar no cérebro, enquanto o estrogénio não. Os mamíferos, especialmente as fêmeas, possuem a alfa-feto-proteína (AFP) que se liga ao estrogénio, impedindo-o de entrar no cérebro. A testosterona não se liga à AFP. Depois de entrar no cérebro, a testosterona torna-se aromatizada em estrogénio e masculiniza as áreas SDN. Nas mulheres isso não acontece, uma vez que têm muito pouca testosterona. E o estrogénio não pode entrar no cérebro enquanto estiver ligado à alfa-fetoproteína. A conversão da testosterona em estrogénio no cérebro impede que as células da SDN morram. Como resultado, a coleção de células SDN é mais numerosa nos cérebros masculinos do que nos femininos.

Figura 44. SDN masculino e feminino

As espécies diferem na quantidade de diferenciação sexual que ocorre no cérebro. Se for administrado estrogénio aos machos primatas, estes apresentam um pico de GnRH (hormona libertadora de gonadotropinas), tal como as fêmeas. Isto não acontece nos machos ruminantes. Se as fêmeas forem tratadas com androgénios durante o desenvolvimento fetal, apresentam uma secreção hormonal e um comportamento masculinos. Isto deve-se ao facto de os androgénios poderem entrar no cérebro e depois serem aromatizados em estrogénio, o que converte o cérebro da fêmea num padrão masculino.

Nos ratos, até os padrões de secreção de GH são sexualmente dimórficos, com os machos a terem uma secreção mais pulsátil. Os porcos são um pouco diferentes no sentido em que o seu comportamento sexual pode ser alterado após o nascimento. Se um porco macho for castrado e receber estrogénio logo após o nascimento, demonstrará um comportamento feminino. No entanto, se se deixar passar algum tempo para que o porco cresça um pouco antes do procedimento definido, o comportamento sexual do porco não se altera.

Nos seres humanos, verificou-se que havia diferenças no SDN dos homens homossexuais e heterossexuais. No entanto, não se sabe se são diferentes desde o nascimento, ou se se diferenciam após algum tempo, por exemplo, após a adolescência. Sabe-se que o comportamento pode alterar os padrões nervosos no homem. Isto indica que a anatomia do SDN pode mudar com o comportamento, causando diferentes densidades em homens com diferentes orientações sexuais. Trata-se antes de uma questão do dilema do ovo e da galinha. Não é muito claro se a diferença anatómica é uma causa da orientação sexual ou se o comportamento sexual altera a anatomia. Nas espécies que produzem ninhadas, se um feto fêmea estiver entre dois machos, pode tornar-se mais parecido com um macho, mais masculino. Isto foi demonstrado em ratos e, em alguns casos, em porcos; mas os porcos mostram menos efeitos do que os ratos.

Sistema pituitário:

Pituitária anterior:

Está ligada ao hipotálamo por vasos portais, pelo que as hormonas provenientes do hipotálamo não entram na circulação geral. Hormonas como a TRH e a GnRH viajam através do sistema portal para a pituitária anterior e provocam a libertação de hormonas para a corrente sanguínea. As hormonas libertadas incluem TSH, GH, FSH, LH e PRL.

Pituitária posterior:

A pituitária posterior é a extensão do hipotálamo. É constituída por terminações de células nervosas do hipotálamo. As hormonas libertadas são armazenadas na hipófise posterior e depois libertadas para a corrente sanguínea. O sistema portal não transporta as hormonas para a hipófise posterior, mas os nervos do hipotálamo descem diretamente para ela.

Hipotálamo:

Situa-se na base do cérebro, à volta do terceiro ventrículo, perto da linha média. As hormonas são libertadas para os vasos portais através da eminência mediana. A partir daí, passam para a hipófise anterior e regulam a secreção das suas hormonas. As hormonas que vão para a hipófise posterior passam através dos axónios dos nervos. O ponto de ligação é a eminência mediana. O terceiro ventrículo e a eminência mediana estão ligados por um grupo de células chamadas células ependimárias. Estas células podem permitir que as hormonas e as neuro-hormonas cheguem à eminência mediana através do sistema ventricular.

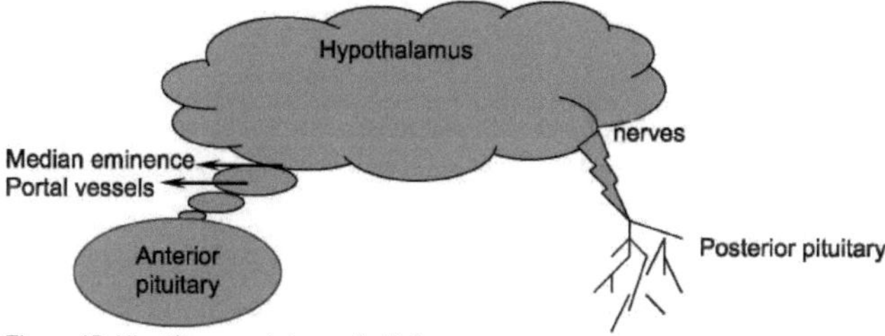

Figura 45. Hipotálamo e sistema pituitário

Hormonas como a GnRH, TRH, CRH e GHRH fazem com que as hormonas TSH, PRL, GH, FSH, LH e POMC sejam libertadas da pituitária anterior. A oxitocina e a vasopressina são produzidas no hipotálamo e libertadas pela hipófise posterior.

TRH (hormona libertadora da tiroide):

Esta hormona é composta por três aminoácidos. É produzida principalmente nos neurónios parvocelulares (pequenos) do PVN. A TRH estimula a secreção de TSH na pituitária anterior e também estimula a libertação de PRL em algumas condições.

GnRH (hormona libertadora de gonadotropina):

Esta hormona é composta por 10 aminoácidos e tem duas formas: GnRH-I e GnRH II. A GnRH II foi descoberta pela primeira vez em galinhas e uma terceira forma foi encontrada em alguns vertebrados, mas não em mamíferos. A GnRH I foi descoberta pelos grupos Guillemin e Schally na década de 1970 e é responsável pela regulação da secreção de LH e FSH através do recetor de GnRH tipo I. A GnRH II pode estar mais envolvida no metabolismo energético e nos seus efeitos sobre a reprodução. Algumas espécies de mamíferos não parecem ter a GnRH II e o recetor de tipo II activos. O POA do hipotálamo contém a maioria dos neurónios GnRH I que se projectam para o ME. A partir daí, a GnRH I estimula a libertação de FSH e LH na pituitária anterior. A primeira pergunta que nos vem à cabeça é como é que uma hormona pode estimular duas hormonas diferentes em alturas diferentes. Por outras palavras, como é que uma hormona afecta duas hormonas diferentes em alturas diferentes, mas não ambas ao mesmo tempo? Parte da resposta está na frequência da libertação de GnRH I. Se a GnRH I for secretada em alta frequência, como 1 pulso em 1 hora, então a pituitária anterior liberta principalmente LH. Se a GnRH I for segregada em baixa frequência, como 1 impulso a cada 3 horas, então a pituitária liberta principalmente a hormona FSH. As curvas de libertação de LH e FSH são as da Figura 14.

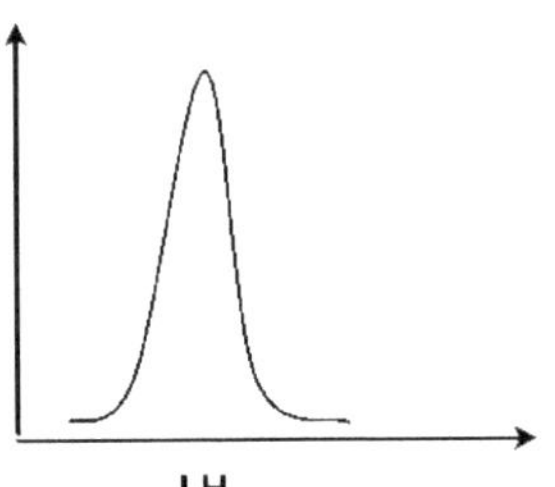

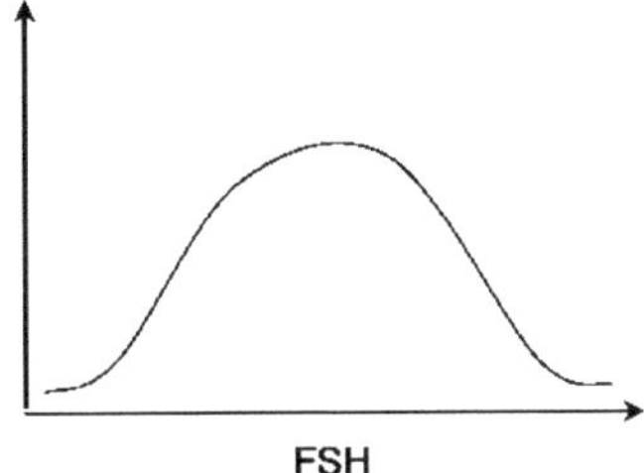

Figura 4.6. Secreção de LH e FSH

A curva tem este aspeto porque a FSH tem uma semi-vida mais longa do que a LH. A LH é libertada rapidamente, atinge o pico e desaparece rapidamente do sistema. A FSH, por outro lado, é libertada de forma relativamente lenta e não desaparece tão rapidamente, pelo que os impulsos não são tão distintos.

Kisspeptina

Este péptido foi descoberto em 1996 por cientistas de Hershey, PA, EUA, e recebeu o nome de um tipo de rebuçado de beijos que aí se produzia. Nos anos 2000, o seu recetor foi identificado e descobriu-se que se tratava de um neuropeptídeo com a capacidade de estimular a libertação de GnRH. O desenvolvimento do sistema hipotalâmico da kisspeptina parece ser importante para a ocorrência da puberdade. As mutações na kisspeptina e no seu recetor conduzem ao hipogonadismo.

SRIF (Somatostatina):

Alguns chamam-lhe Hormona Inibidora da Hormona do Crescimento (GHIH). A sua forma hipotalâmica é composta por 14 aminoácidos. Existem outras formas noutras áreas do corpo, incluindo o intestino e o pâncreas. A SRIF inibe a GH e a TSH, bem como a gastrina, a CCK e a VIP, que são hormonas digestivas, e diminui a mobilidade intestinal. É produzido em diferentes áreas do hipotálamo, especialmente no PVN da POA. Normalmente, **a GHRH** (Growth Hormone Releasing Hormone) estimula a libertação de GH e a GHIH inibe-a. Se ambas existirem no sistema ao mesmo tempo, a hormona inibidora suprime os efeitos da GHRH. Normalmente, a GHRH é libertada quando os níveis de GHIH são baixos e, por conseguinte, o nível de GH aumenta. A GHRH é composta por 44 aminoácidos e encontra-se no ARC da MBH. Em experiências com ovelhas, a imunização contra o GHIH resultou num crescimento mais rápido e em animais mais magros.

CRH (hormona libertadora de corticotropina):

Esta hormona é composta por 41 aminoácidos. É produzida no PVN e, por vezes, está co-localizada com a vasopressina. A CRH provoca a libertação de ACTH e de outros péptidos POMC. A vasopressina é outra hormona que pode libertar ACTH. A ACTH provoca a libertação de cortisol durante o stress. Isto aumenta os níveis de glicose na corrente sanguínea, o que aumenta a quantidade de sangue que vai para os músculos, diminui o sangue para a pele e para o sistema digestivo, aumenta o ritmo cardíaco, etc. As reacções hormonais relacionadas com o stress podem ser consultadas no capítulo 8. Primeiro, a adrenalina provoca estas reacções e, depois, o cortisol é libertado em poucos minutos e aumenta alguns dos efeitos. A CRH parece ser um regulador chave da resposta ao stress.

Dopamina:

A dopamina inibe a PRL. Encontra-se em várias zonas do hipotálamo e pode afetar a secreção de outras hormonas hipotalâmicas, como a GnRH. É produzida pelos neurónios tuberoinfundibulares, que se projectam do CPA para a eminência mediana. A PRL é a única hormona hipofisária que está principalmente sob regulação inibitória. Se não houver dopamina no sistema, a sua secreção é elevada.

AVP e oxitocina:

São produzidas nos neurónios parvocelulares do SON e do PVN e libertadas para o sangue portal. A AVP aumenta o ACTH, assim como o CRH, e a ocitocina libera PRL. A sucção dos filhotes aumenta a secreção de ocitocina, que libera PRL, que ajuda na síntese do leite.

Outras hormonas hipotalâmicas:

Estas hormonas descobertas após o incluem o VIP (Péptido Intestinal Vasoativo) e o PACAP (Péptido Ativador da Adenilato Ciclase Pituitária). O VIP encontra-se no SCN e no PVN e também no sangue portal. Em algumas situações, estimula a PRL. O PACAP parece estar envolvido na resposta ao stress e também estimula a secreção de catecolaminas da medula suprarrenal.

Hormonas putativas:

Alguns investigadores sugeriram a existência de um fator específico de libertação de PRL e de um fator de libertação de FSH. A maioria dos estudos aponta para a inibição da dopamina como o principal fator de regulação da PRL, com péptidos específicos, como a ocitocina ou a TRH, que estimulam a PRL em condições específicas. A GnRH pode provocar tanto FSH como LH, enquanto o fator de libertação de FSH liberta FSH, mas não LH. A estimulação da hipófise anterior com pequenas correntes eléctricas resultou na libertação de FSH em algumas experiências. Este facto é referido como prova indireta da existência de um fator de libertação de FSH, mas as provas da sua existência são fracas.

Funções não endócrinas das hormonas do hipotálamo:

As hormonas do hipotálamo também podem afetar várias partes do cérebro. Actuam como neurotransmissores, afectando o comportamento. Por exemplo, a CRH aumenta a ACTH, que causa ansiedade, mas também afecta diretamente o cérebro, causando sintomas adicionais semelhantes ao stress. A CRH aumenta os comportamentos de ansiedade em roedores. Da mesma forma, a GnRH afecta o comportamento reprodutivo, utilizando as ligações do hipotálamo a outras partes do cérebro.

Neurotransmissores:

Os neurotransmissores actuam no cérebro, não chegam à corrente sanguínea. O hipotálamo recebe informação de outras partes do cérebro e, assim, estes neurotransmissores regulam a secreção hipotalâmica. Por exemplo, os corpos celulares dos neurónios adrenérgicos e noradrenérgicos do tronco cerebral projectam-se para o hipotálamo. Estes neurónios passam através de um dos feixes do prosencéfalo (Figura 4.7).

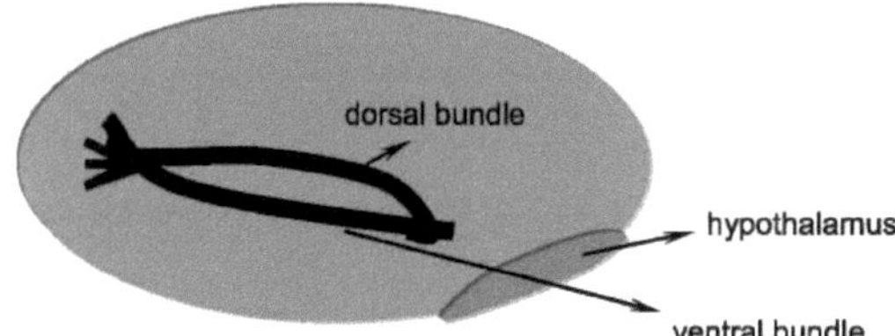

Figura 4.7. Feixes prosencefálicos

Os neurónios têm receptores a e 0 no hipotálamo, e existem subtipos de receptores a e 0. Em geral, os receptores alfa e beta têm efeitos opostos. O hipotálamo inclui mais receptores a. Outro exemplo, os neurónios 5HT (serotonina) surgem dos núcleos Raphe no tronco cerebral e projectam-se através do feixe medial do prosencéfalo para o hipotálamo. Existem também vários tipos de receptores 5HT.

Dopamina:

Os neurónios dopaminérgicos que se projectam para o hipotálamo surgem de três grupos principais, os neurónios A12, A14 e A15. O A12 projecta-se para a eminência mediana e inibe a prolactina. A14 e A15 regulam a secreção de gonadotrofinas (inibem a GnRH). Por exemplo, observa-se um aumento da atividade dos núcleos (A14 e A15) nas ovelhas durante a época do anestro.

Os receptores de dopamina são designados por D1, D2, D3, D4 e D5. O D2 encontra-se nos lactotropos hipofisários (células produtoras de PRL) e no hipotálamo está envolvido na regulação da GnRH. Isto significa que D2 é o recetor da dopamina proveniente de A14 e A15 (A14-15 regula a GnRH).

__Neurónios GABA:__

São produzidos a partir do glutamato. São neurónios locais, próximos do seu corpo celular. Devido ao facto de serem locais, são um dos transmissores inibitórios mais comuns. Pensa-se que inibem a GnRH, uma vez que a injeção de antagonistas GABA aumentou a secreção de LH em mais do que uma espécie. O GABA tem receptores de tipo A e de tipo B.

__Histamina__:

Os receptores da histamina são H1, H2 e H3. Normalmente, estão localizados localmente no hipotálamo. Os anti-histamínicos administrados a ovelhas numa experiência diminuíram a secreção de LH, o que significa que a histamina aumenta a produção de LH em determinadas condições.

__Glutamato e Aspartato__:

São neurotransmissores estimulantes. Em geral, são eficazes a nível local e são muito comuns. Os receptores para o aspartato são A1, A2, A3 e A4. A1 é o recetor do N-metil-D-Aspartato (NMDA). Foi demonstrado que o NMDA estimula a secreção de várias hormonas hipofisárias em várias espécies.

__Recaptação e transmissão__:

A recaptação é necessária para evitar uma nova libertação de neurotransmissores. Após o processo de libertação, o neurónio retoma alguns dos neurotransmissores. A quantidade de neurotransmissores recuperados informa o neurónio sobre a quantidade de neurotransmissores libertados. Se a quantidade libertada for suficiente, o neurónio deixa de segregar os neurotransmissores. A medicina moderna fornece medicamentos que tiram partido deste facto. Os medicamentos que inibem o processo de recaptação fazem com que os neurónios libertem neurotransmissores muito acima do nível normal, o que é útil no tratamento de algumas doenças.

Neuropeptídeos:

São cadeias de aminoácidos. São produzidas pelos neurónios, tal como os neurotransmissores. A diferença é, no entanto, o tempo de resposta. Os neurotransmissores respondem muito rapidamente, enquanto os neuropéptidos têm de se ligar aos receptores da superfície celular e lidar com o AMP cíclico e outros mensageiros, tal como os outros péptidos. A função dos neuropeptídeos é continuar o que os neurotransmissores começaram. É provável que os neuropeptídeos sejam libertados juntamente com os neurotransmissores. Não existe recaptação para os neuropéptidos. Os neuropéptidos são degradados por peptidases quando a sua função termina.

__Colecistoquinina (CCK)__:

A CCK encontra-se em diferentes formas. A forma mais comum é também a que se encontra no cérebro, composta por 8 aminoácidos. A CCK inibe a alimentação. Isto foi provado em animais através da injeção de CCK no cérebro do indivíduo, o que resultou numa diminuição da alimentação. É bastante difícil provar isto em humanos, uma vez que as injecções no cérebro não são favoráveis. Infelizmente, as doses orais de CCK não parecem ser eficazes, uma vez que não pode passar para o cérebro a partir da corrente sanguínea. Ainda assim, com base em evidências de várias espécies, a CCK parece ser um sinal de saciedade que indica que há alimento suficiente disponível.

A CCK estimula a libertação de LH em ratos e macacos. Isto faz sentido, uma vez que a LH é fundamental para a reprodução. À medida que o consumo de alimentos começa e prossegue, a libertação de CCK começa no corpo para diminuir e parar o consumo de alimentos. Também aumenta a LH que, por sua vez, aumenta a testosterona nos machos e o desenvolvimento folicular e a ovulação nas fêmeas. É do senso comum que a atividade reprodutiva, humana ou animal, é mais comum "com o estômago cheio". Faz sentido aumentar o comportamento reprodutivo se o organismo tiver acesso a alimentos em abundância. Isto porque mais alimento para o candidato a progenitor traduz-se em mais alimento para a potencial descendência. **Substância P**:

Pertence à família dos péptidos da taquicinina e é libertado por muitos neurónios diferentes no hipotálamo, ligando-se ao recetor da neuroquinina 1. Encontra-se em muitas partes do corpo e tem múltiplas funções. A substância P pode regular a LH e a PRL. A capsaicina, presente nas pimentas, estimula a libertação da substância P. A substância P tem sido associada à depressão e à ansiedade. Se a substância for bloqueada, sem afetar a serotonina ou a epinefrina, a depressão pode ser diminuída.

Neuropeptídeo Y (NPY):

Este neuropeptídeo estimula a alimentação, o efeito oposto da CCK. O neuropéptido Y aumenta nos animais subnutridos. Tem 5 subtipos de receptores Y 1-5. O neuropeptídeo Y também aumenta a CRH, que provoca a libertação de ACTH e pode estar relacionado com o stress e a ingestão de alimentos.

Neurotensina (NT):

A CRH, a GHRH, a dopamina e a NT são hormonas co-localizadas em alguns neurónios. Parece ser importante na modulação da sinalização da dopamina e actua como um neuroléptico. Na periferia, estimula tanto a insulina como o glucagon.

Galanina:

Esta hormona está co-localizada com a GnRH e a GHRH e afecta a libertação de ambas as hormonas. Também está localizada com a AVP, NPY e CCK. A sua função não é clara e parece ser principalmente um inibidor da libertação de neurotransmissores. Regra geral, regula a motilidade intestinal e a atividade do pâncreas endócrino.

Péptidos opiáceos (opiáceos):

O ópio provém de plantas, embora existam receptores para ele e para drogas relacionadas (morfina, heroína) no corpo humano. Existem três famílias de péptidos para os opióides endógenos para os quais o corpo humano tem receptores: POMC, Proenkephalin e Predynorphin. Estes precursores produzem opiáceos como a beta-endorfina (a ACTH produzida a partir da POMC não é um opiáceo). A POMC está localizada no núcleo arqueado, enquanto as outras duas estão amplamente distribuídas. Todas partilham uma sequência N terminal comum, que lhes confere a capacidade de se ligarem aos receptores opiáceos, quer Tyr-Gly-Gly-Phe-Met, quer Tyr-Gly-Gly-Phe-Leu. Existem pelo menos três tipos de receptores e cada tipo tem os seus próprios três subtipos diferentes. Assim, três receptores principais por três subtipos perfazem 9 tipos diferentes de receptores. Todos os péptidos podem ligar-se a todos os receptores, mas com afinidades diferentes. **A naloxona** é um antagonista comum a todos os tipos de péptidos opióides e à morfina. É utilizada para reanimar pessoas que sofreram uma overdose de opiáceos.

<u>Óxido nítrico:</u> NO

Trata-se de um neurotransmissor gasoso. Difunde-se a partir do nervo ou de outra célula que o produz. Não tem receptores, uma vez que é um gás, pode afetar qualquer célula a que esteja exposto, mas tem uma semi-vida de apenas alguns segundos... O óxido nítrico é um potente vasodilatador, afecta diferentes níveis enzimáticos e vários sistemas endócrinos. A síntese é controlada pelos níveis de óxido nítrico sintetase (NOS). A arginina é um precursor da síntese de NO. Esta enzima está presente em três formas nos mamíferos. A guanil ciclase pode ser activada pelo NO e o medicamento Viagra™ prolonga os efeitos da guanil ciclase para que os dois possam trabalhar em conjunto para aumentar o fluxo sanguíneo.

Ritmos endócrinos:

Muitas hormonas são segregadas de forma rítmica; repetem-se. Os diferentes tipos de ritmo incluem Ultradiano (ritmo inferior a 24 horas), Circadiano (dentro de 24 horas), Diurno (entre o dia e a noite), Infradiano (ciclos estrais), Circanual (anual).

1. **Ultradiano:** Este ritmo é mais frequente do que 1 dia. As hormonas como a GH ou a LH apresentam ritmos ultradianos. Em algumas hormonas existe uma secreção pulsátil que varia em frequência e amplitude
2. **Circadiano:** Trata-se de um ritmo de 24 horas. É o ritmo mais estudado. As hormonas como o cortisol e a leptina apresentam ritmos circadianos.

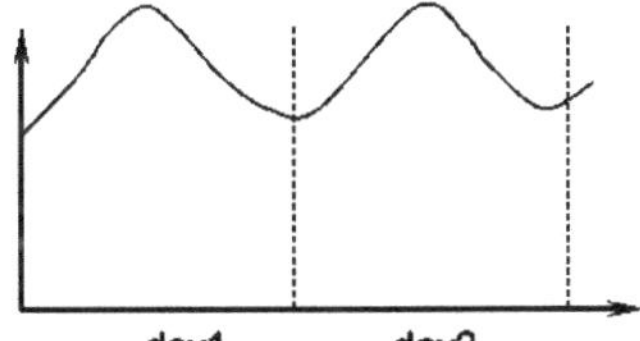

Figura 4.8. Nível de cortisol no cavalo

Os níveis de cortisol começam a aumentar 1-2 horas antes do início da atividade matinal em animais diurnos como os cavalos. Depois, o nível maximiza-se e começa a descer em direção ao meio-dia. Isto fornece energia ao organismo para estar ativo de manhã e ao meio-dia. Este ritmo é regulado pelo núcleo supraquiasmático e é invertido nos animais noturnos.

3. **Diurno:** As secreções hormonais são diferentes durante o dia e a noite. A GH e a melatonina apresentam ritmos diurnos. Ambas aumentam durante a noite e diminuem durante o dia. A secreção de GH pode estar relacionada com os ciclos de sono porque, à medida que os mamíferos envelhecem, as suas secreções de GH e o tempo de sono diminuem.

A melatonina é inibida pela presença de luz. Após o cair da noite, a glândula pineal começa a produzir melatonina. A duração da secreção de melatonina é a chave para informar o organismo sobre a estação do ano. Se a melatonina é segregada durante 16 horas e as 8 horas restantes são de luz do dia, ou seja, não há melatonina, então a estação deve ser o inverno. Se a melatonina for segregada durante cerca de 8 horas, então a estação deve ser o verão. Os dias longos pertencem ao verão e os curtos ao inverno. Como é que a melatonina está relacionada com a luz? Por outras palavras, como é que a glândula pineal "sabe" quando está claro e quando está escuro? A resposta a esta pergunta é a seguinte. O doador de tempo (zeitgeiber), neste caso a luz, atinge os fotorreceptores na retina. Os impulsos nervosos viajam do trato retino-hipotalâmico para o SCN. Do SCN, o sinal vai para o gânglio cervical superior e a secreção de melatonina é inibida pelo gânglio cervical superior.

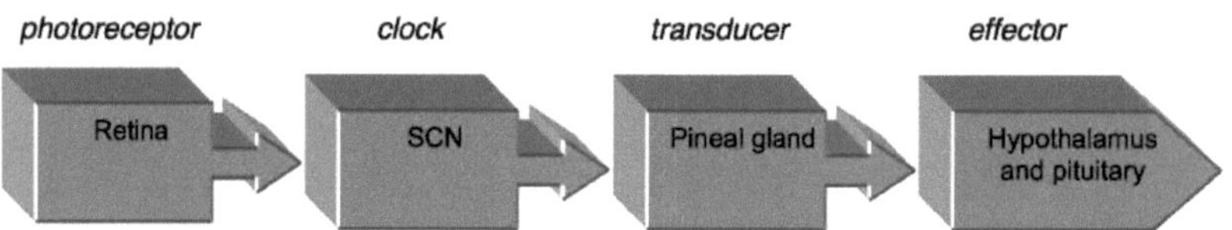

Figura 4.9. Melatonina e luz

Na última etapa vista na figura 17 (hipotálamo e pituitária), a pars tuberalis recebe a melatonina.

Genes do relógio:
Um grupo de cientistas identificou e clonou os genes do relógio biológico. Para o efeito, submeteram alguns ratinhos a mutações por radiação. Devido à radiação, as glândulas pineais dos ratinhos foram destruídas e o seu ritmo foi perturbado. Os cientistas restauraram então o relógio biológico dos ratinhos mutantes, inserindo ADN em embriões em desenvolvimento que não o tinham. Os novos ratinhos geneticamente modificados tinham um relógio biológico normal e transmitiram o gene aos seus descendentes. Os investigadores chamaram aos genes que encontraram "genes do relógio". Esta investigação foi publicada na revista Cell (vol. 89, páginas 641-653 e 655-667, 1997).

As proteínas do relógio ligam-se às proteínas BMAL1 e dimerizam-se. As proteínas dimerizadas activam genes chamados "per" e "cry" que se dimerizam e inibem o Clock e a BMAL1, desligando assim o sinal para a sua própria produção. À medida que as proteínas per e cry se acumulam, começam a desligar os genes que estão a produzir hormonas como o cortisol e a leptina. Como o sinal para a produção de per e cry começa a degradar-se e, passado algum tempo, resta muito pouco. Quando os níveis das proteínas per e cry diminuem, os genes Clock e BMAL1 são novamente activados. Este ciclo demora aproximadamente 24 horas.

4. **Infradiano:** Este ritmo refere-se a acontecimentos que ocorrem mais do que diariamente. Os ciclos estrais e menstruais são exemplos de ritmos infradianos. Este tipo de ritmo pode envolver a interação de várias hormonas.
5. **Circanual:** O nível da hormona muda anualmente se o ritmo for circanual. Estes ritmos foram demonstrados por alterações persistentes, mesmo na ausência de alterações do fotoperíodo, como em animais alojados sob uma duração constante do dia ou em animais pinealectomizados que não teriam qualquer secreção de melatonina. A duração da secreção de melatonina é o sinal da estação que sincroniza o ritmo endógeno com o ambiente externo. Se o período de libertação de melatonina for longo, então a estação do ano deve ser o inverno. Se a libertação de

melatonina for curta, então é verão. Um exemplo de um ritmo circanual pode ser o peso dos testículos. Numa experiência, os hamsters foram mantidos sob fotoperíodo constante durante um ano e o seu ritmo não foi perturbado; os seus testículos cresceram aproximadamente um ano após a sua última época de reprodução. Numa outra experiência, foram retiradas as glândulas pineais de ovelhas e estas tiveram períodos de atividade reprodutiva (época de reprodução) e de inatividade (época de não reprodução). No início, estes ritmos estavam próximos do tempo da estação nas ovelhas com a pineal intacta. No entanto, o ritmo das ovelhas foi perturbado ao fim de alguns anos. Este ritmo é de aproximadamente um ano, mas sem a informação ambiental fornecida pela duração do dia através da melatonina, tal como o ritmo circadiano, começará a correr livremente. Todos os mamíferos têm ritmos circadianos e podem ser afectados pelo fotoperíodo, mas nem todos são reprodutores sazonais. Alguns evoluíram em ambientes tropicais onde a variação do fotoperíodo é mínima e não é útil para a coordenação com as estações do ano. Por vezes, outras condições podem anular o efeito sazonal. Por exemplo, enquanto os ratos do campo se reproduzem sazonalmente, os ratos que vivem perto de contentores de lixo reproduzem-se durante todo o ano. Os ratos que vivem à volta dos contentores de lixo têm acesso a comida durante todo o ano. Isso faz com que se reproduzam mais; reproduzem-se durante todo o ano. O gado domesticado é geralmente menos sazonal do que os seus parentes selvagens devido à oferta de alimentos e, provavelmente, às alterações genéticas induzidas durante a domesticação. Alguns estudos sugeriram ligeiros efeitos sazonais nos seres humanos, mas estes têm acesso a alimentos durante todo o ano e quaisquer efeitos serão provavelmente mínimos.

Fase relacionada:

A alteração do tempo de um ritmo é designada por **mudança de fase.** O ritmo pode avançar ou retroceder. **A fase ou janela fotossensível** é a altura do dia em que a exposição à luz provoca uma mudança de fase. A fase muda mesmo que a luz não seja contínua, desde que a luz incida na janela fotossensível. **O modelo de coincidência externa** sugere que a luz deve incidir na fase fotossensível para causar uma mudança. **O atraso de fase** é uma mudança de fase para a frente. Se o pôr do sol for às 19 horas e o indivíduo for exposto à luz às 21 horas, o corpo assumirá que o pôr do sol foi mais tarde e a fase será atrasada. No dia seguinte, isto atrasará a altura em que os níveis de cortisol atingem o pico (figura 18). Isto explica a eventual reposição dos ritmos se alguém viajar para um fuso horário diferente. A intensidade da luz, bem como o tempo de exposição, podem afetar

estas mudanças. Um a dois minutos nas aves, 10-15 minutos nos ratos e 45 minutos a uma hora nos seres humanos é tempo suficiente para provocar uma mudança de fase. Se a luz for dada várias horas antes do amanhecer, o organismo assume que o sol já está a nascer. Este facto antecipa a altura em que os níveis de cortisol atingem o seu pico (figura 19). Em vez de atingir o pico por volta das 5h da manhã, os níveis de cortisol atingirão o pico por volta das 3h30 da manhã. É de notar que os períodos de tempo aqui apresentados são arbitrários e estão sujeitos a alterações consoante o organismo e o indivíduo.

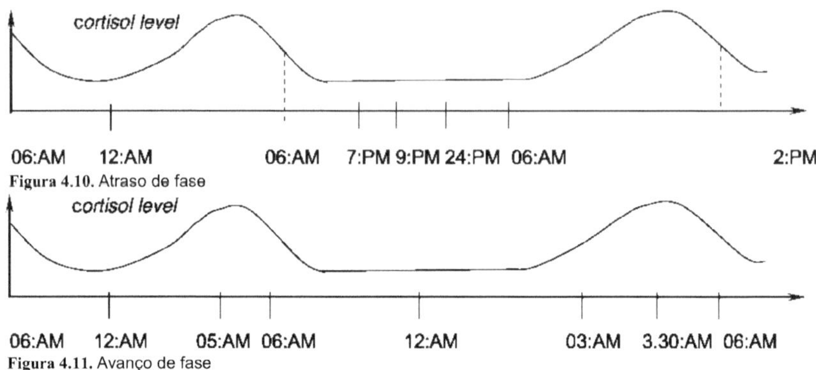

Figura 4.10. Atraso de fase

Figura 4.11. Avanço de fase

O fotoperíodo esqueleto (SPP) é um horário de iluminação ecologicamente relevante, congruente com o comportamento de amostragem de luz em roedores noturnos (Edelstein K, Amir S, 1999). O corpo monitoriza a presença de luz em duas alturas do dia (janelas fotossensíveis). Se a luz estiver presente em ambas as janelas, é interpretado como um dia longo, mesmo que esteja escuro entre as janelas. É utilizado em experiências de fotoperíodo para criar uma condição de iluminação artificial, de modo a que o efeito do horário de iluminação possa ser estudado. Nessas experiências, um impulso curto de luz dado durante o período fotossensível é tão eficaz como a luz contínua.

O organismo mede a duração do dia avaliando a duração da secreção de melatonina. Se for administrada melatonina externa, o animal interpretará isso como dias curtos e o ritmo sazonal pode ser perturbado e dessincronizado com as condições ambientais.

O local de ação da melatonina situa-se na pars tuberalis (na hipófise) e na MBH (no hipotálamo). A pars tuberalis tem o maior número de receptores de melatonina no cérebro. Ela regula a produção de PRL em relação à produção de melatonina. Em ovelhas, a melatonina afecta a produção de GnRH e LH se for administrada no ARC da MBH. Aparentemente, ou existe uma ligação entre a POA e o CRA, ou existe uma ligação entre os receptores de melatonina do CRA e a pituitária anterior.

Reprodução sazonal:

A duração da gestação determina a época de reprodução do organismo. A primavera é a altura ideal para dar à luz nos climas temperados. Uma boa vegetação fornece uma boa alimentação aos herbívoros, e herbívoros bem alimentados fornecem uma boa alimentação aos carnívoros! As ovelhas, as cabras e os veados, com períodos de gestação de cerca de 5 meses, darão à luz na primavera se forem criados no outono. Os hamsters têm uma gestação de 28 dias. Se for criado na primavera, o hamster dará à luz no final da primavera. Os cavalos tendem a reproduzir-se na primavera e a dar à luz na primavera do ano seguinte, uma vez que o seu período de gestação é de 11 meses.

A secreção de LH é inibida na época não reprodutiva. Nos ovinos, os dias longos inibem a produção de melatonina e levam a uma diminuição da secreção de LH. Quando chega o outono e os dias longos encurtam, a secreção de LH começa. Nas ovelhas, o feedback negativo do estradiol é mais forte na época não reprodutiva. Na estação não reprodutiva, o estradiol estimula a libertação de dopamina dos neurónios (o estrogénio não pode entrar no cérebro apenas no feto). A dopamina inibe a PRL (dos neurónios A12) e a GnRH (dos neurónios A14 e A15). Nos cavalos, estes eventos são independentes dos esteróides. As gónadas não são elementos necessários para a reprodução sazonal. Em vez disso, a luz afecta diretamente o mecanismo hipotalâmico-hipofisário.

Fotorefractário:

Este é um período em que o organismo deixa de responder aos estímulos da luz do dia. Os níveis de luz continuam a ajustar os níveis de melatonina, mas o organismo deixa de responder às alterações dos níveis de melatonina. A fotorrefracção inicia e interrompe a época de reprodução nas ovelhas. Se forem deixadas num fotoperíodo de inverno de dia curto, as ovelhas não continuam a ter ciclos estrais devido à fotorrefracção. Começam a responder à melatonina quando chega o outono, depois de terem sido expostas a dias mais longos. Quando o outono termina e o inverno começa, os dias começam a encurtar mais e a libertação de melatonina começa a prolongar-se mais. No entanto, as ovelhas deixam de responder à melatonina, terminando a época de reprodução enquanto os dias ainda são bastante curtos. À medida que o inverno avança, a exposição das ovelhas a outro fotoperíodo (aumentando lentamente) quebra a fotorreacção. Depois disso, a exposição das ovelhas à melatonina no final do verão faz com que se comportem como se a estação fosse o inverno. Ou seja, a fotorreactividade é quebrada na estação após algum tempo se forem aplicados os estímulos adequados. Além disso, a fotorrefractoriedade exige a presença da tiroide. Uma grande questão permanece no puzzle da compreensão da sazonalidade. Como é que o corpo do animal sabe que estamos no outono mas não na primavera, ou vice-versa, uma vez que as durações do dia são semelhantes? A resposta é a seguinte. A direção da mudança do fotoperíodo é a chave. Para poder separar a primavera do outono, o organismo olha para a estação anterior. Se a estação anterior tinha dias curtos (inverno), então a nova estação deve ser a primavera. Se a estação anterior tinha dias longos (verão), então a nova estação deve ser o outono (figura 20). O aumento da duração da melatonina leva a um aumento dos níveis de LH e da atividade reprodutiva. Isto também mostra que o controlo da reprodução pelo fotoperíodo não é tão simples como dias curtos ou longos.

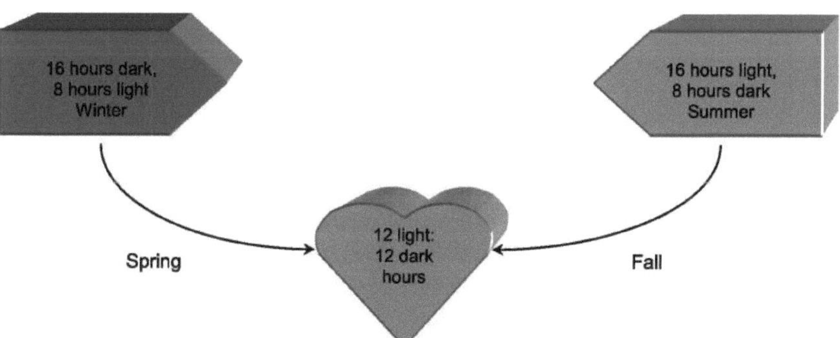

Figura 4.12. O funcionamento das quatro estações

Prolactina:

Os dias longos e as temperaturas elevadas provocam um aumento da PRL, o que aumenta a ingestão de alimentos e a produção de lã. Dias curtos e temperaturas frias diminuem a PRL. No verão, o aumento da produção de prolactina provoca um aumento da ingestão de alimentos e da produção de lã, para que o animal possa sobreviver ao inverno. É necessário tempo para armazenar gordura para o inverno e para que ocorra o crescimento do pelo. Embora se pense que a PRL aumenta tanto a ingestão de alimentos como a produção de lã, a ingestão de alimentos pode, por si só, causar o aumento real do crescimento da lã através de outras hormonas como a GH. A luz é mais influente nestas mudanças do que a temperatura.

As alterações do fotoperíodo na prolactina são reguladas por receptores de melatonina na pars tuberalis. As diferenças genéticas nos receptores de melatonina podem ser responsáveis pelas diferenças na duração da época de reprodução entre raças de ovelhas. As ovelhas são as espécies de reprodução sazonal mais bem estudadas; no entanto, é provável que existam diferenças na forma como a melatonina regula os padrões sazonais noutras espécies.

CAPÍTULO 5

Hormonas do intestino (GI: GastroIntestinal)

O sistema endócrino das glândulas gliais é constituído por várias hormonas e várias delas foram encontradas tanto no cérebro como no trato gastrointestinal. O sistema endócrino da glândula é um sistema difuso. As células endócrinas do trato da glândula estão espalhadas por todo o trato da glândula, em vez de estarem concentradas numa glândula discreta. Se as células estivessem todas no mesmo local, todos os tipos de nutrientes, proteínas, hidratos de carbono, etc. teriam de ser digeridos de uma só vez. Mas como as células estão dispersas, elas podem responder a diferentes nutrientes. Existem hormonas estimuladoras e inibidoras. O equilíbrio destes factores determina a quantidade de alimentos consumidos. Estas hormonas sinalizam o resto do corpo e ajudam-no a responder e a utilizar ou armazenar os nutrientes disponíveis.

Gastrina:

Esta hormona tem diferentes formas. Pode ser composta por 34, 17, 14 ou 4 aminoácidos. Exceto a forma 4aa, todos eles podem ser sulfatados. A forma 4aa está localizada no cérebro. As células G da região antral do estômago produzem gastrina. As células D, na mesma zona, produzem somatostatina.

A gastrina estimula a secreção de HCL (ácido clorídrico) e aumenta a produção de somatostatina. A somatostatina inibe a gastrina num ciclo clássico de feedback negativo. A gastrina também estimula a contração das células musculares lisas, aumentando a motilidade. Quando os níveis de HCL atingem um determinado ponto, inibem a produção de gastrina, proporcionando novamente um equilíbrio por retroação negativa. Os aminoácidos e o Ca aumentam a gastrina, que aumenta outra hormona, a calcitonina. A calcitonina deposita o cálcio do sangue nos ossos. Menos cálcio no sangue traduz-se num menor aumento da gastrina. Assim, a calcitonina diminui indiretamente a produção de gastrina. A secretina e o péptido inibitório gástrico (GIP) também inibem a gastrina. Em suma, o consumo de alimentos resulta na libertação de gastrina através de determinados nutrientes, enquanto a libertação de HCL, somatostatina, calcitonina, secretina ou GIP resulta na diminuição da gastrina.

CCK (CholeCvstoKinin):

A estrutura desta hormona é muito semelhante à da gastrina. Pode ser constituída por 33, 8 ou 4 aminoácidos. A forma 8aa é a mais comum no cérebro e na circulação. A CCK pode ser sulfatada. Tem receptores A e B. A forma 4aa da CCK é, na verdade, a mesma que a gastrina 4aa. Por conseguinte, a forma 4aa da CCK é designada por CCK/gastrina. Tal como referido na secção sobre os neuropeptídeos, a CCK inibe a alimentação (o neuropeptídeo Y aumenta). Se for administrado a um indivíduo um antissoro de CCK, a alimentação aumenta. Encontra-se no duodeno (primeira porção do intestino delgado, assim chamada por ter cerca de 12 dedos de comprimento) e no jejuno (parte do intestino delgado que se estende do duodeno ao íleo). A CCK estimula a contração da vesícula biliar, provoca a secreção de enzimas pancreáticas, aumenta a secreção de secretina, estimula a motilidade intestinal, inibe o esvaziamento gástrico e, sobretudo, diminui a ingestão de alimentos. A gordura, os aminoácidos, o Ca e o Mg estimulam a libertação de CCK e esta diminui a ingestão, pelo que a alimentação deve ser interrompida.

Secretina:

Esta hormona é estimulada pela CCK. Também é libertada se o nível de pH da digesta for inferior a 4,5. Os níveis de acidez e de CCK atingem um ponto alto algum tempo após o início da refeição, uma vez que estão a ser estimulados pela gastrina desde o início da alimentação. A secretina estimula a libertação de água e bicarbonato no intestino delgado para neutralizar o pH e ajudar a absorver os nutrientes. A secretina viaja até ao pâncreas e faz com que este segregue enzimas digestivas, bem como bicarbonato e água. A secretina é produzida no duodeno e no jejuno. Este péptido é constituído por 27aa e é semelhante ao GHRH, VIP e GIP.

Somatostatina:

A somatostatina é estimulada pela gastrina e, por sua vez, inibe-a. Inibe a CCK, o péptido intestinal vasoativo (VIP) e diminui a motilidade intestinal. Encontra-se no duodeno e no estômago. Apresenta duas formas, com 14 e 28 resíduos (aminoácidos) de comprimento. Esta somatostatina actua no trato gastrointestinal e não influencia a secreção de GH como a somatostatina hipotalâmica.

Peptídeo inibitório gástrico (GIP):

A GIP é outra hormona peptídica (43aa) produzida no duodeno e no jejuno e é um membro da família das secretinas. Inibe o ácido gástrico e a pepsina e diminui a motilidade da glândula, mas estimula a resposta da insulina à glucose. O GIP, juntamente com o péptido I semelhante ao glucagon, é uma das incretinas naturais, hormonas que aumentam a resposta à insulina, e pensa-se que é este o seu papel principal, o que levou os investigadores a designá-lo por péptido insulinotrópico dependente da glucose. A glucose estimula o GIP, porque a glucose no sangue aumenta depois de a digestão estar quase no fim e a gastrina já não é necessária para digerir e converter os nutrientes em glucose. A história completa é que a glicose aumenta o GIP, o GIP aumenta a resposta à insulina e a insulina aumenta a somatostatina, que inibe o GIP, a gastrina, a CCK, o VIP e diminui a motilidade.

Péptido libertador de gastrina (GRP):

O GRP encontra-se no estômago e no duodeno e é constituído por 27 aminoácidos. Também é libertado pelo nervo vago e provoca a libertação de gastrina e pensa-se que é o homólogo dos mamíferos (ou seja, uma molécula com uma função semelhante) do péptido bombesina da rã. A bombesina foi isolada pela primeira vez da pele da rã Bombina bombina. Não tem um sabor agradável e provoca alucinações quando ingerida. Os animais que comem a rã uma vez deixam de ter gosto por esse tipo de rã, pois agora estão conscientes do sabor e das alucinações. Ou pode tratar-se simplesmente de uma reação neuronal, uma vez que a bombesina pode ter uma reação cruzada com os receptores GRP e o GRP diminui a ingestão de alimentos em algumas espécies (ratos e porcos). Alguns seres humanos, por outro lado, utilizaram o efeito alucinogénico para provocar alucinações de propósito. Estas utilizações destinavam-se a aplicações médicas primitivas (por xamãs, etc.) ou a uso recreativo, semelhante ao uso atual de drogas.

Neurotensina:

A neurotensina encontra-se na região do íleo do intestino. Provoca a libertação simultânea de insulina e glucagon.

Este tipo de dupla libertação de hormonas opostas pode parecer ilógico à primeira vista, mas é necessário pela seguinte razão. As refeições ricas em proteínas provocam a libertação de insulina e glucagon, enquanto as refeições que contêm mais hidratos de carbono estimulam apenas a insulina. A insulina provoca a absorção de todos os tipos de nutrientes do sangue, incluindo a glicose e os aminoácidos libertados pela digestão das proteínas. Como a refeição era rica em proteínas e não incluía hidratos de carbono, a glicose no sangue já estava baixa. Após os efeitos da insulina para baixar a glicose no sangue, a pessoa pode ter hipoglicemia, a menos que a hormona glucagon seja libertada. O glucagon faz com que a glicose seja libertada do fígado para a corrente sanguínea. Se estas duas hormonas, a insulina e o glucagon, não forem libertadas em simultâneo no caso de uma refeição rica em proteínas, os resultados serão catastróficos para a pessoa, uma vez que a hipoglicemia pode mesmo provocar a morte. Alguns homicídios são cometidos através da injeção de níveis elevados de insulina no corpo da vítima, provocando uma hipoglicemia grave. A neurotensina também estimula a contração do íleo e o relaxamento do duodeno.

Motilina:

A motilina (22 resíduos) encontra-se no duodeno, na pituitária e na glândula pineal. Aumenta a motilidade do trato gastrointestinal e a secreção de pepsina. O pH alcalino provoca a libertação de motilina. Isto acontece depois de a CCK estimular a secretina, que provoca a libertação de água e bicarbonato, o que torna o intestino alcalino. A motilina começa a atuar, dando motilidade aos intestinos.

VIP (Péptido Intestinal Vasoativo):

Este péptido de 28 aminoácidos encontra-se no sistema nervoso central e nas células endócrinas do trato gastrointestinal. Aumenta o fluxo sanguíneo para os intestinos e a secreção de água para o fluido intestinal. O VIP aumenta a atividade dos esfíncteres esofágicos e anais e diminui a secreção de ácido no estômago.

Leptina:

O nome Leptina vem da palavra grega leptos, que significa magro. Na revista Science, em julho de 1995, os cientistas relataram uma perda de peso de 30% em ratos obesos após duas semanas de tratamento com uma proteína, a que chamaram leptina. Na altura em que foi descoberta, a leptina causou grande entusiasmo, pois tinha a possibilidade de ajudar os humanos a perder peso. No entanto, as experiências não parecem mostrar grandes vantagens da leptina recombinante, a não ser que seja utilizada em pessoas com mutações no gene da leptina. Parece que a leptina é uma forma de o cérebro reconhecer o nível de gordura no corpo, em vez de ser um sinal para parar de comer quando se está cheio. À medida que a percentagem de gordura aumenta no corpo, aumenta também a produção de leptina. Quando um organismo não é capaz de produzir leptina, o cérebro pensa que não há gordura no corpo. Isto leva o organismo a comer excessivamente para armazenar alguma gordura. No entanto, como o corpo não é capaz de produzir leptina, o cérebro nunca recebe qualquer sinal a informar que o corpo tem gordura suficiente. Quando a leptina é injectada em indivíduos obesos, mas que têm o gene e produzem leptina, os resultados são decepcionantes. Um estudo publicado no Journal of the American Medical Association (JAMA) em 1999 mostrou que as pessoas obesas capazes de produzir leptina não beneficiam da leptina externa para perder peso. Quando se compara a percentagem de gordura corporal entre homens e mulheres, verifica-se que as mulheres têm mais gordura corporal por quilograma de peso corporal. A idade ou a etnia não têm um efeito significativo no nível de leptina.

Os ratinhos obesos homozigóticos (ob/ob) não produzem leptina. Estes ratinhos são hiperfágicos (comem em excesso), estéreis e têm uma taxa metabólica mais baixa. Assim, não é possível receber descendentes dos ratinhos que não têm o gene da leptina; estes são produzidos através do acasalamento de ratinhos heterozigóticos para a mutação. É muito provável que os ratinhos não se reproduzam na ausência da leptina, uma vez que é necessária uma certa quantidade de gordura para a reprodução e, na ausência de leptina, o cérebro pensa que o corpo não tem gordura. Enquanto o gene da leptina é defeituoso nos ratinhos ob/ob, os ratinhos db/db (diabéticos) não têm os receptores de leptina, embora produzam a hormona. Estes ratos desenvolvem diabetes tipo II porque comem em excesso devido à falta de receptores de leptina. A diabetes tipo II é definida com insensibilidade dos receptores de insulina, que se pensa ser causada por comer em excesso. Os seres humanos com diabetes de tipo II também podem ter resistência à leptina, uma vez que têm excesso de gordura, o que se traduz numa produção excessiva de leptina.

Internamente, trabalhando no seu curso natural, a leptina diminui a ingestão de alimentos, diminui o tecido adiposo (por apoptose = morte celular programada), inibe a libertação de NPY, aumenta a termogénese e a CRH. A CRH é necessária para que a leptina actue; a leptina não pode diminuir a ingestão de alimentos se a CRH estiver bloqueada. A CRH actua através do sistema da melanocortina, que será analisado mais adiante.

Os receptores de leptina são semelhantes aos receptores de citocinas e incluem receptores de forma longa e de forma curta. Existem também proteínas de ligação da leptina que partilham a sua estrutura com a parte externa do recetor. A maior parte da leptina em pessoas obesas encontra-se na forma ligada; está ligada às proteínas de ligação. As pessoas magras têm mais leptina livre (ativa) no soro sanguíneo. Para além disso, os indivíduos obesos tendem a ter níveis mais baixos de leptina no líquido cefalorraquidiano (LCR) do que os indivíduos magros. Tudo isto mostra que as pessoas obesas podem ter mais leptina, mas a maior parte dela está na forma ligada, que não consegue passar para o cérebro. Por conseguinte, o cérebro não recebe o sinal de que há gordura suficiente no corpo e que o organismo deve parar de comer. Esta situação pode ser causada por um transportador defeituoso que é suposto transportar a leptina para o cérebro através do LCR. A Figura 5.1 ilustra dois ratinhos, um dos quais não produz leptina e, por isso, se tornou obeso, e um ratinho normal magro com níveis normais de produção de leptina.

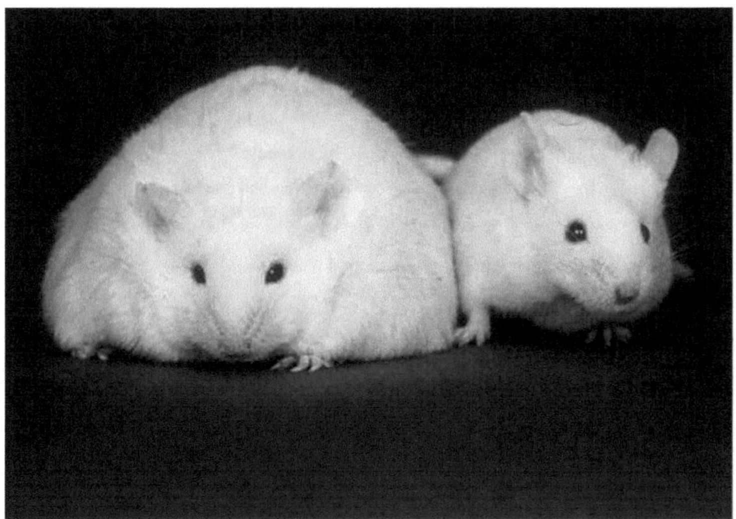

Figura 5.1. Um ratinho ob-ob (leptina defeituosa) e um companheiro de ninhada normal.

Fonte: Wikimedia Commons.

Melanocortina (MC):

Esta hormona é também designada por MSH (Melanocyte Stimulating Hormone) ou Melanotropina. Melan é um prefixo que significa escuro ou preto. O termo melanocortina refere-se a vários dos produtos pós-traducionais do gene da proopiomelanocortina, a hormona adrenocorticotrópica (ACTH) e a-, 0- e y-MSH. Para além dos efeitos bem conhecidos destes péptidos na esteroidogénese da cortical suprarrenal (ACTH) e na pigmentação (a-MSH e ACTH), as melanocortinas também demonstraram ser

envolvidos na aprendizagem e na memória, no controlo da pressão arterial, na modulação imunitária e na homeostasia do peso, entre outros (Wied e Jolies, 1982; Fan et al., 1997). Estes efeitos são mediados por diferentes receptores. As melanocortinas têm uma família de cinco receptores conhecidos como MC1-R a MC5-R. O MC1-R medeia os efeitos na pigmentação; o MC2-R é o recetor da ACTH, o MC3-R e o MC4-R parecem estar relacionados com a ingestão de alimentos e a obesidade e o MC5-R não é tão bem conhecido, mas tem algum efeito na produção de sebo.

O peptídeo de cutia em ratos, que normalmente só se encontra na pele, é um antagonista de alta afinidade do recetor da hormona estimuladora dos melanócitos (MC1-R), causando um efeito inibitório na síntese do pigmento eumelanina, resultando num pelo de cor cutia. O péptido de cutia é também um antagonista do recetor hipotalâmico da melanocortina-4 (MC4-R) e provoca um aumento da ingestão de alimentos (Fan et al., 1997).

A MSH diminui a ingestão de alimentos e está relacionada com a pigmentação da pele. Os ratinhos Agouti, que têm os receptores MSH bloqueados, têm pelo amarelo e são obesos devido a uma alimentação excessiva (Pala, 2003). As mutações no gene Agouti são caracterizadas por obesidade, hiperfagia, hiperinsulinemia, hipercorticosteronismo e aumento do crescimento linear (Yen et aL, 1994). Esta mutação resulta também em diabetes de início na idade adulta. É altamente improvável que a diabetes seja causada pela própria mutação, mas sim que a obesidade causada pela mutação resulte em diabetes devido à resistência à insulina. O peptídeo relacionado com a agouti (AGRP) é produzido nos neurónios NPY da área VMN/ARC e estes neurónios são inibidos pela leptina.

As mutações da leptina resultam em hiperhagia, hiperinsulinemia e obesidade de início precoce. No entanto, os ratinhos mutantes de agouti tornam-se obesos lentamente, à semelhança da obesidade de início na idade adulta nos seres humanos (Leibel et al., 1997). Outra diferença entre as mutações da leptina e da agouti é que os mutantes da leptina têm um defeito na termogénese detetável nos primeiros dias de vida. Têm uma temperatura central mais baixa e um declínio mais rápido da temperatura corporal quando expostos ao stress do frio (Himms-Hagen J., 1985).

A melanocortina tem 5 receptores: MC-1...MC-5. O MC-1 controla a pigmentação da pele. Se a MSH não se consegue ligar à MC-1, o animal fica amarelo. O MC-2 é um recetor da ACTH, pelo que a função adrenocortical é inibida. A MC-3 encontra-se no hipotálamo, no intestino e na placenta. A MC-5 pode ser encontrada em vários tecidos do corpo. Se houver um problema no sistema endócrino, como a falta de produção de cortisol, a produção de ACTH pode aumentar drasticamente. O excesso de ACTH pode ligar-se ao recetor MC-4, diminuindo a ingestão de alimentos, simplesmente porque a ACTH e a MSH são muito semelhantes em termos de estrutura química. Se forem desenvolvidos fármacos específicos para o MC-4R, poderão ser úteis no tratamento da obesidade sem efeitos secundários produzidos pela ligação a outros receptores.

Os receptores de melanocortina são receptores de sete transmembranas acoplados à proteína G, expressos em muitas partes do corpo. A inativação deste MC4-R através da seleção de genes resulta em ratinhos que desenvolvem obesidade de início na idade adulta associada a hiperfagia, hiperinsulinemia e hiperglicemia. Esta síndrome repete várias caraterísticas da síndrome da obesidade de agouti de forma concisa, o que se deve à expressão excessiva da proteína agouti. Os dados identificam uma nova via de sinalização no rato para a regulação do peso corporal e sugerem que o mecanismo primário pelo qual a cutia induz a obesidade é o antagonismo crónico do MC4-R (Huszar et al, 1997).

NeuroPéptido Y (NPY):

Este péptido actua como um neurotransmissor, aumentando a ingestão de alimentos e diminuindo a termogénese. Quando a produção de NPY aumenta, o comportamento alimentar aumenta e a temperatura corporal diminui. Esta situação é vantajosa para o animal, uma vez que a produção de calor quando há falta de nutrientes seria simplesmente um desperdício de energia. A leptina tem o efeito oposto ao do NPY, diminuindo a ingestão de alimentos e aumentando a termogénese.

Se os ratinhos obesos deficientes em leptina tiverem o gene NPY eliminado, a sua obesidade é reduzida. Os ratinhos sem NPY, bem como os ratinhos deficientes em NPY e leptina, são mais sensíveis à leptina. Palmiter et al. (1998) sugeriram que o NPY pode normalmente ter uma ação inibidora restauradora sobre os sinais da leptina que resultam em saciedade. Os autores referem que os ratinhos deficientes em NPY comem normalmente, crescem normalmente e alimentam-se normalmente após um jejum. Além disso, todas as respostas endócrinas ao jejum são normais. A resposta dos ratinhos sem NPY à obesidade induzida pela dieta, à obesidade induzida quimicamente (glutamato monossódico e tioglicose dourada) e à obesidade de base genética (cutia amarela letal, A^y) são todas normais. Assim, a única condição em que se observa um papel do NPY na regulação do peso corporal é no contexto da deficiência completa de leptina, em que a ausência de NPY é benéfica contra a obesidade. Estas descobertas apontam para o facto de que vários sistemas regulam a ingestão de alimentos e a eliminação de um pode ser compensada pelo aumento da atividade de outro. Mostram também que os efeitos importantes da leptina são mediados por efeitos no sistema AGRP/NPY.

O NPY tem cinco receptores, Y1, Y2, Y3, Y4 e Y5. Entre estes, o Y1 e o Y5 estão relacionados com o comportamento de ingestão de alimentos. Os receptores de NPY encontram-se nos vasos sanguíneos, nos rins, nas glândulas supra-renais, no cólon, no coração, no pâncreas, no intestino, nas terminações nervosas e no cérebro (Inui, 1999).

Se o recetor Y1 for desativado, a ingestão de alimentos é ligeiramente reduzida. Além disso, os animais não comem de forma agressiva após o jejum (a ingestão de alimentos aumenta ligeiramente) quando o recetor Y1 é desativado. Embora os animais comam um pouco menos, a sua gordura corporal aumenta porque a taxa metabólica diminui muito juntamente com a ligeira diminuição do consumo de alimentos. A secreção de leptina aumenta quando a Y1 é desactivada.

A desativação do recetor Y5 provoca obesidade na idade adulta (Gerald et al., 1996). Nos ratinhos com nocaute Y5, o NPY não consegue aumentar a ingestão de alimentos, causando uma maior diminuição da ingestão de alimentos do que o nocaute Y1. Ao contrário dos animais com nocaute Y1, os nocautes Y5 comem agressivamente após o jejum.

MCH:

A hormona concentradora de melanina também aumenta a ingestão de alimentos. Tal como o NPY, a MCH aumenta nos animais em jejum. Não se liga aos receptores MC-4, mas tem os seus próprios receptores. Tal como as orexinas, encontra-se no hipotálamo lateral, uma área conhecida por regular a ingestão de alimentos.

Grelina:

A grelina é um péptido produzido no estômago que é único na medida em que requer a ligação de um ácido octanóico à serina na terceira posição de aminoácido para ter atividade biológica. É capaz de estimular a secreção de GH ligando-se ao GHSR-1 (recetor da hormona de crescimento secretagogo). Pensa-se que a sua principal função é estimular a ingestão de alimentos e regular o equilíbrio energético. A grelina é segregada quando o estômago está vazio e o estiramento do estômago

Orexinas (hipocretinas):

As orexinas A e B estimulam a ingestão de alimentos. A estrutura das orexinas é muito semelhante à da secretina. Atualmente, pensa-se que as orexinas são mais importantes para a excitação e o despertar. A forma mais comum de narcolepsia é devida à falta de orexinas.

Pâncreas endócrino

Os ilhéus de Langerhans no pâncreas estão envolvidos em funções endócrinas. Os cinco tipos de células dos ilhéus são as células a, p, A, E e PP. As células alfa produzem glucagon e constituem 15 a 20 por cento de todas as células. As células beta produzem insulina e constituem 60 a 80 por cento de todas as células. As células delta representam cerca de 5% das células e produzem somatostatina, as células epsilon produzem grelina (<1%) e as células PP produzem polipéptidos pancreáticos e representam cerca de 2% de todas as células. A grelina pode inibir a secreção de insulina estimulada pela glucose. O polipeptídeo pancreático tem efeitos fracos sobre as enzimas pancreáticas e a secreção de ácido gástrico. Os polipéptidos pancreáticos, por outro lado, aumentam após a ingestão de alimentos e com a idade. A falta de polipeptídeo pancreático nas ilhotas pode causar a síndrome da obesidade em ratos. A somatostatina pode inibir a secreção de insulina e glucagon de uma forma parácrina.

A principal função do pâncreas endócrino é regular a glucose. A insulina libertada pelos ilhéus de Langerhans baixa a glicose no sangue, enquanto o glucagon a aumenta. A GH (os músculos necessitam de glicose), o cortisol (em caso de stress) e a epinefrina (também chamada adrenalina) também aumentam a glicose, mas a insulina é o principal regulador dos níveis de glicose no sangue. Destes, a epinefrina inibe a insulina para aumentar o glucagon, enquanto o cortisol não inibe a insulina, mas aumenta a glucose no sangue por outros meios. A neurotensina estimula tanto a insulina como o glucagon (em caso de elevado aporte proteico) e a somatostatina inibe tanto a glucose como o glucagon (para estabilizar o sistema). A insulina inibe o glucagon para que a glicose armazenada no fígado não seja libertada, exceto em casos de elevado teor proteico, em que a neurotensina também é libertada.

Estado de absorção:

Após o consumo de alimentos e a absorção dos nutrientes, os níveis de glicose, ácidos gordos e aminoácidos aumentam na corrente sanguínea. Isto provoca o estado anabólico, ou seja, os nutrientes são armazenados para utilização posterior.

Estado pós-absortivo:

Este é o período entre as refeições. O estado catabólico é dominante nestes períodos; os nutrientes armazenados, como o glicogénio, são libertados no sangue para aumentar a glicemia. Os níveis de insulina são muito baixos quando o estado catabólico está presente.

Regulação da insulina:

A glicose da dieta aumenta a insulina, o que faz com que seja armazenada como glicogénio ou lípido e inibe o glucagon. Os aminoácidos também aumentam a insulina, mas, desta vez, o glucagon também aumenta (elevado aporte proteico). Os ácidos gordos aumentam a insulina, que promove as enzimas envolvidas na síntese de lípidos (ex. Acetil-CoA carboxilase, ácido gordo sintase) e não têm qualquer efeito sobre o glucagon. Nos ruminantes e carnívoros, onde há poucas alterações nos níveis de glucose, a insulina regula principalmente a absorção de aminoácidos.

No caso de uma **refeição rica em proteínas,** tanto a insulina como o glucagon aumentam. A insulina provoca a absorção celular de glucose e de aminoácidos. Se a refeição tiver pouca glucose mas muita proteína, é segregada muita insulina do pâncreas para fazer com que todos os aminoácidos sejam absorvidos. Mas como toda a glucose é absorvida juntamente com os aminoácidos, talvez não reste glucose na corrente sanguínea. Como mencionado na parte sobre a neurotensina, isto pode causar a morte por hipoglicemia. Para evitar que isso aconteça, o glucagon e a insulina são libertados quando é detectado um elevado aporte de proteínas.

O glucagon previne a hipoglicemia, tal como a epinefrina. Ambos aumentam a glicogenólise (degradação) e a gluconeogénese (retira aminoácidos e produz glicose). A epinefrina também aumenta a lipólise, decompõe a gordura e produz glicose.

A insulina é necessária para a absorção de glicose pela maioria dos tecidos (células), exceto fígado, cérebro e músculos esqueléticos. No fígado, a insulina permite a absorção da glucose estimulando algumas enzimas. O facto de os músculos em atividade não necessitarem de insulina para absorver a glicose é uma grande vantagem para os doentes diabéticos de tipo II. Estes podem fazer exercício para remover o excesso de glucose do sistema, o que proporciona um aumento da massa muscular. Isto provoca uma subsequente perda de peso (os músculos gastam muita energia só para se manterem) e, por conseguinte, menos sintomas de diabetes, especialmente nos doentes do tipo II. A figura 5.2 ilustra os níveis da hormona insulina, a azul, e os níveis de açúcar no sangue, a vermelho, num dia, ao pequeno-almoço, almoço e jantar. Na figura, os efeitos de uma refeição rica em açúcar são apresentados em linhas pontilhadas. Pode ser uma bebida/soda açucarada com uma refeição à base de alimentos ricos em açúcar ou um menu de sobremesas. Estas são curvas idealizadas e as refeições da manhã podem ser mais pesadas em termos energéticos do que as outras refeições, nomeadamente o almoço e o jantar. É evidente que um almoço rico em açúcar provoca um pico elevado nos níveis de glucose e de insulina, causando depois uma enorme descida. Este tipo de efeito de maré é prejudicial para as células do corpo e conduz à obesidade e à diabetes.

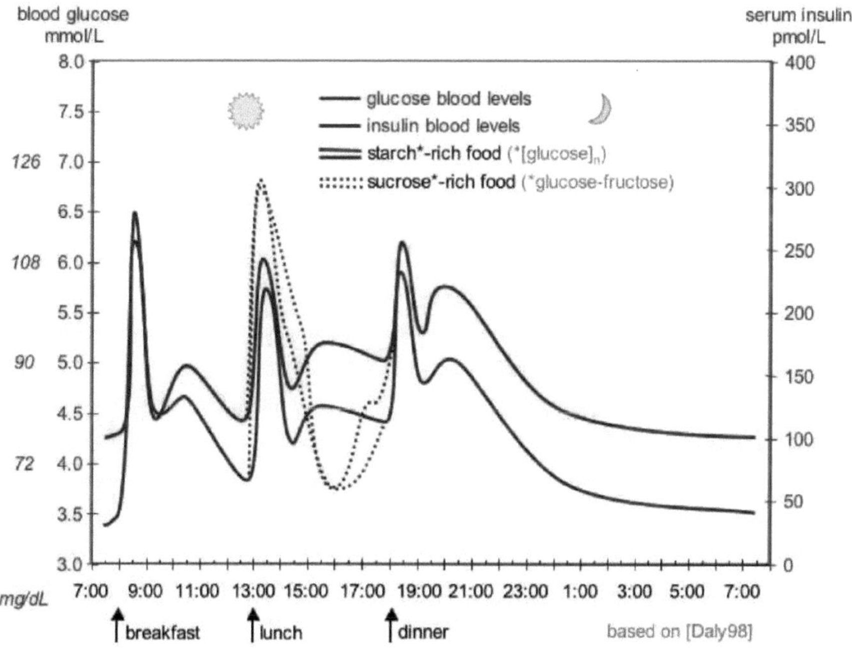

Figura 5.2.

Fonte: Jakob Suckale, Michele Solimena - Solimena Lab and Review Suckale Solimena 2008 Frontiers in Bioscience PMID 18508724, preprint PDF from Nature Precedings.

A insulina ativa a glicogénio sintetase e inibe as enzimas (ex. piruvato carboxilase) que levam à produção de glicose. Em geral, aumenta a glicogénese (síntese de glicogénio) e diminui a glicogenólise (degradação do glicogénio). A insulina também aumenta a síntese de GLUT-4, que basicamente fornece a captação de glicose pelas células. A lipogénese (produção de gordura) é aumentada pela insulina, uma vez que aumenta a captação de glicose para o tecido adiposo. A insulina inibe a lipólise (quebra de gordura). Esta é a razão pela qual os nutricionistas sugerem comer frequentemente. Comer porções mais pequenas e com maior frequência ao longo do dia mantém os níveis de insulina estáveis e controlados, em vez de ter grandes picos. A diminuição da insulina pode ajudar a perder peso, especialmente gordura. A insulina também aumenta a lipoproteína lipase e a acetil-Co-A-Carboxilase (enzimas utilizadas na síntese de gordura).

Os efeitos da insulina sobre as proteínas são semelhantes aos seus efeitos sobre as gorduras. Estimula a síntese proteica através da absorção de aminoácidos pelos músculos e diminui a degradação proteica.

Transportadores de glicose:

São moléculas transportadoras e encontram-se em três formas diferentes. O GLUT-1 pode ser encontrado em muitos tecidos, como os músculos e o cérebro, e não necessita de insulina. Pensa-se que é responsável pela captação basal de glucose a baixo nível. O GLUT-2 encontra-se nas células 0 do fígado e do pâncreas. Leva a glicose para as células 0, que analisam a quantidade de glicose presente e determinam se deve ser libertada mais glicose ou se deve ser libertada insulina para fazer baixar os níveis de glicose no sangue. O GLUT-3 encontra-se principalmente nos neurónios e na placenta. O GLUT-4 é o transportador de glucose regulado pela insulina. Encontra-se na superfície das células que absorvem glucose. Duas moléculas juntam-se na superfície da célula, abrindo um canal para a célula, e a glucose entra. A glucose que entra é fosforilada no interior, transformando-se em glucose-fosfato. O GLUT-4 encontra-se principalmente nas células adiposas e musculares. Recentemente, foram descobertas outras isoformas com base em sequências genéticas de projectos do genoma humano, mas a sua função não é clara.

Diabetes mellitus:

Existem dois tipos de diabetes mellitus: tipo I e tipo II. A diabetes tipo I é dependente da insulina e é uma doença autoimune. Por uma razão desconhecida, o sistema imunitário ataca e destrói 0s células do pâncreas. Especificamente, a descarboxilase do ácido glutâmico (GAD) nas células beta é atacada e destruída. A diabetes tipo 1 começa frequentemente na infância e tem um início súbito, em pessoas não obesas. A sua prevalência é baixa em comparação com a diabetes tipo II (Figura 5.3). O tratamento da diabetes tipo I é feito principalmente através da monitorização da glicose plasmática e da injeção de insulina. Estão disponíveis diferentes formas de insulina, como as de ação curta e longa. A sua utilização combinada pode permitir um melhor controlo da glicemia.

A diabetes tipo II não é dependente de insulina e é o tipo mais comum. A resistência à insulina ocorre devido à desregulação dos receptores de insulina. O seu início é lento e a obesidade é a causa mais comum da diabetes tipo II. À medida que a pessoa ganha peso, os receptores de insulina nas células começam a tornar-se insensíveis à entrada de insulina, devido a níveis elevados de insulina durante muito tempo. O aumento do tecido adiposo e a secreção de alguns produtos adiposos e ácidos gordos livres contribuem para a resistência à insulina. De facto, o efeito da genética não pode ser negado nesta doença, uma vez que algumas pessoas têm receptores que se tornam insensíveis à insulina num período de tempo mais curto. A perda de peso pode ser um bom tratamento para os doentes de tipo II, mas é obviamente difícil. Foram desenvolvidos vários tratamentos farmacológicos para a diabetes tipo II. Entre os tratamentos encontram-se as **sulfonilureias**, que aumentam a libertação de insulina das células p através da ligação a um canal de K+ sensível ao ATP. **As incretinas** aumentam a libertação de insulina e diminuem a secreção de glucagon e actuam como as hormonas GLP-1 e GIP. **Os inibidores da dipeptidil peptidase (DPP) IV** retardam a degradação das incretinas e tornam-nas mais eficazes. **As biguanidas** reduzem a quantidade de glicose produzida pelo fígado e tornam o recetor de insulina mais sensível. **As glitazonas** são agonistas do recetor do proliferador de peroxissoma y (PPAR gama) que afectam vários aspectos do funcionamento do tecido adiposo, incluindo o aumento da secreção de adiponectina e o aumento da absorção de ácidos gordos, reduzindo assim os níveis de ácidos gordos livres no sangue. Estes efeitos globais aumentam a sensibilidade à insulina. A classe de medicamentos mais recentemente aprovada para o tratamento da diabetes tipo II é a dos inibidores **do co-transportador de sódio e glucose 2** (SGLT2). Estes compostos aumentam a excreção de glucose nos rins. Uma vez que estas classes de medicamentos actuam através de mecanismos diferentes, em alguns casos pode ser prescrito mais do que um tipo ao mesmo tempo.

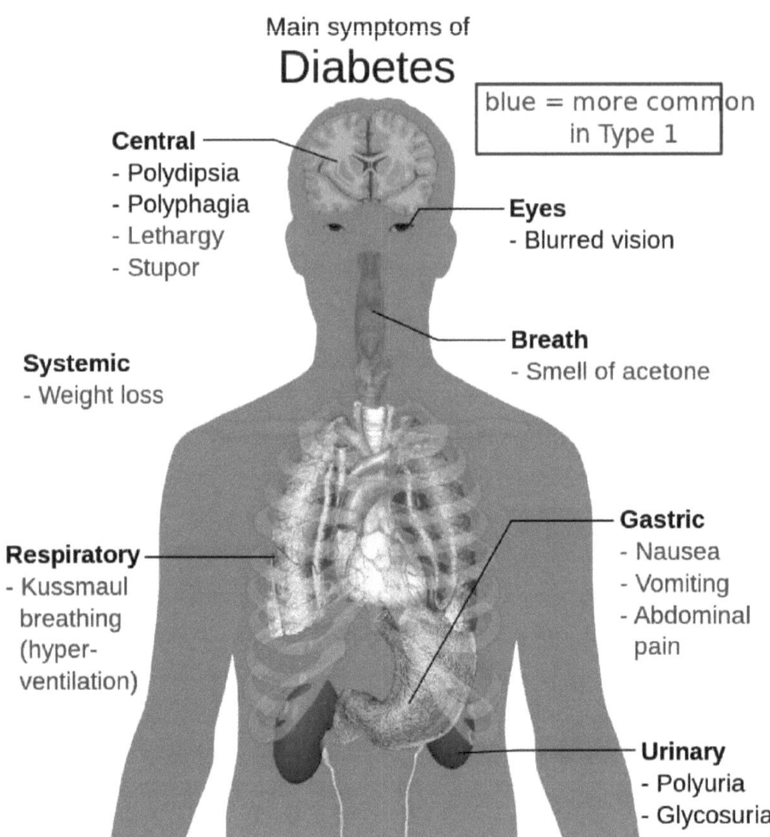

Figura 5.3. Sintomas de diabetes

Fonte: Wikimedia Commons

Glândula tiroide:

Esta maior glândula do pescoço regula o ritmo metabólico. Tem a forma de uma borboleta e está organizada em folículos. A glândula tiroide segrega as hormonas da tiroide, que aumentam a atividade celular em todo o corpo, aumentando a taxa metabólica. A glândula retira o iodo dos alimentos

consumida e convertida nas hormonas tiroideias, tiroxina (T4) e triodothyronine (T3). A tiroxina é composta por 2 tirosinas e 4 iodo. A T4 é constituída por duas DIT (Di-Iodotirosina). A triidotironina tem 2 tirosinas e 3 iodo, e tem uma DIT e uma MIT (mono-Iodotirosina, ver capítulo 2), mas a maior parte da T3 é produzida fora da tiroide, removendo um iodo da T4 (desiodinase). O T3 e o T4 têm mecanismos de feedback negativo no hipotálamo e na pituitária. Inibem a libertação de TRH e TSH. A T4 é elevada nos animais recém-nascidos, pelo que pode ter um papel no desenvolvimento.

A glândula tiroide está organizada em folículos. O MIT e o DIT são precursores da hormona tiroideia e são armazenados no lúmen dos folículos, no coloide, como parte da proteína tiroglobulina.

O bócio é o inchaço da tiroide que resulta num caroço debaixo do pescoço. É comum pensar-se que o bócio é causado por hipotiroidismo, mas também pode ser causado por hipertiroidismo. A pessoa que sofre desta doença tem excesso de TSH ou os receptores percebem-no dessa forma.

A deficiência de iodo, que resulta num feedback negativo reduzido, é uma das principais razões para o hipotiroidismo que, por sua vez, causa bócio. Num mamífero saudável, a ingestão adequada de iodo na dieta diminui a TSH, porque o T3 e o T4, produzidos a partir do iodo, inibem a TSH. Quando o iodo está abaixo dos níveis normais, o feedback negativo é removido e a produção de TSH aumenta, causando o bócio. Nos Estados Unidos, a maior parte do sal é vendida numa forma iodada. Isto foi feito como uma medida de saúde pública para prevenir o hipotiroidismo, mas com as pessoas preocupadas com os efeitos do sal na tensão arterial, algumas diminuíram a utilização deste produto. Boas fontes de iodo na dieta incluem marisco, produtos lácteos e algas.

As pessoas com doença de Grave, uma doença autoimune, tornam-se hipertiroides. Os anticorpos produzidos devido à doença ligam-se aos receptores de TSH, fazendo com que estes respondam como se tivesse sido produzida TSH. Isto resulta no inchaço da glândula porque esta tenta produzir hormonas da tiroide à medida que recebe o sinal da TSH. O excesso de iodo não causa nenhuma das doenças acima referidas, porque não provoca uma produção excessiva de TSH ou de hormonas da tiroide.

As substâncias que provocam o bócio são chamadas goitrogénios. Estes encontram-se em algumas plantas. Estes ligam-se e oxidam os iodo, tornando-os inactivos. O consumo destes vegetais interfere com a síntese da hormona tiroideia do animal. A mandioca, a couve, a couve-de-bruxelas e o nabo são alguns dos vegetais que contêm goitrogénios. O consumo destes vegetais em quantidades elevadas pode provocar hipotiroidismo. Isto leva o organismo a armazenar mais gordura e a diminuir o crescimento do tecido magro.

As hormonas da tiroide regulam o metabolismo; por conseguinte, têm receptores em quase todos os tecidos do corpo. Aumentam a taxa metabólica e o consumo de oxigénio. Estes, por sua vez, provocam um aumento da produção de calor (efeito calorigénico). É evidente que a queima de nutrientes com oxigénio provoca a produção de calor. Em regiões quentes como a África, a mandioca cresce facilmente e as pessoas tendem a comê-la em grande quantidade para diminuir a produção de calor. Não há efeito calorigénico no cérebro, testículo, baço e pituitária anterior. Se não fosse assim, o cérebro cozinharia ou o calor interromperia a produção de esperma nos testículos. As hormonas da tiroide aumentam o número de bombas de Na-K, fazendo com que mais nutrientes e oxigénio entrem nas células. Para alimentar o aumento da atividade das bombas, a produção de ATP também aumenta. O calor é um subproduto destas reacções.

A maioria dos mamíferos, incluindo os bebés humanos, aumenta a produção de TSH, T3 e T4 quando expostos ao frio, embora os adultos não o façam. Os ratos deficientes em leptina têm hipotiroidismo e uma taxa metabólica baixa. Isto faz com que tenham uma temperatura central mais baixa do que os ratos normais. Se a ingestão de energia de um ser humano for restringida, as concentrações de T3 e T4 diminuem para reduzir o metabolismo e conservar energia, diminuindo a tolerância ao frio. O aumento do consumo de hidratos de carbono provoca uma conversão adicional de T4 em T3. Isto aumenta a termogénese, uma vez que o T3 é mais potente do que o T4. O T3 elevado leva à lipólise e à degradação das proteínas. Se os hidratos de carbono não estiverem disponíveis, a gordura também pode ser convertida em energia, mas o produto secundário da decomposição da gordura (cetonas) é muito prejudicial para o organismo. Se as cetonas se acumularem, podem causar doenças graves e coma.

Os sintomas da hipotiroidismo incluem obesidade, falta de apetite e lentidão. O organismo é intolerante ao frio e a pele fica fria e seca. Para além disso, os jovens crescem mal e os processos mentais abrandam. A maioria destes sintomas é causada pelo aumento do armazenamento de gordura e pela menor produção de tecido magro. As células não conseguem obter os nutrientes de que necessitam, causando sintomas semelhantes aos observados após um jejum prolongado. Os sintomas da hipertiroidismo incluem perda de peso, aumento do apetite, pele quente e húmida, intolerância ao calor, movimentos nervosos bruscos e abaulamento dos olhos (exoftalmo).

As hormonas tiroideias são necessárias para o desenvolvimento adequado do cérebro e para a mielinização dos nervos (tecido que envolve os nervos e aumenta consideravelmente a velocidade de condução). O hipotiroidismo pré-natal (cretinismo) resulta numa diminuição do peso à nascença e provoca atraso mental. Os efeitos do hipotiroidismo no adulto são reversíveis. Se o bebé tiver hipotiroidismo, mas a mãe tiver níveis normais, o bebé é normal à nascença, uma vez que a mãe pode transmitir as suas hormonas ao bebé. Do mesmo modo, se a mãe tiver hipotiroidismo, mas o bebé conseguir retirar iodo do seu sangue, não há qualquer problema. Se a mãe também tiver deficiência de iodo, o bebé apresenta hipotiroidismo. Isto pode acontecer se a mãe tiver consumido plantas que incluam goitrogénios. As doenças da tiroide são normalmente tratadas com a remoção da tiroide (cirurgicamente ou por exposição a iodo radioativo (1-131), que apenas afecta a glândula tiroide, uma vez que o iodo radioativo está aí concentrado. Em seguida, o doente é submetido a uma terapêutica de substituição das hormonas da tiroide. Antigamente, a terapêutica de substituição da tiroide era feita com extractos de tiroide de bovinos ou suínos transformados em carne, mas esta foi substituída por T4 sintético. Os extractos de tiroide continham T4 e T3 e alguns médicos e doentes questionaram a eficácia da T4 sintética e sugeriram que a T3 também é necessária.

Efeitos permissivos da tiroide:

As hormonas da tiroide têm de estar presentes para que algumas outras hormonas sejam eficazes. Por exemplo, os glucocorticóides (cortisol, etc.) só podem aumentar a GH quando as hormonas da tiroide estão presentes. Para que a GH estimule o crescimento, o metabolismo tem de ser estimulado, para que as células possam ser alimentadas e aumentar de tamanho.

Para os efeitos de crescimento, é necessário um determinado nível de base das hormonas da tiroide. Da mesma forma, a hormona do crescimento é necessária para que a tiroide seja eficaz. Alguns estudos concluíram que os níveis de hormonas da tiroide e o crescimento real não estão relacionados nos seres humanos e nos vitelos. Isto não é verdade, uma vez que as hormonas da tiroide aumentam as bombas de Na-K e alimentam as células; as hormonas da tiroide estão relacionadas com o crescimento, embora também necessitem de GH.

Efeito simpaticomimético:

O T3 e o T4 aumentam a resposta à epinefrina (adrenalina) e à norepinefrina (noradrenalina). Mimetizam os seus efeitos e aumentam a degradação das gorduras. O número de receptores beta-adrenérgicos aumenta, a frequência cardíaca e a força de concentração aumentam, a produção de calor aumenta e os vasos sanguíneos dilatam-se (vasodilatação; aumento do diâmetro do vaso sanguíneo) para diminuir o calor.

As hormonas da tiroide estão envolvidas na fotorefracção e mudam sazonalmente. São necessárias, juntamente com a PRL, para as alterações sazonais no crescimento da lã, do pelo e dos chifres. As hormonas da tiroide aumentam e fornecem calor durante a noite. Os animais em hibernação não apresentam qualquer resposta da tiroide ao frio, pelo que o seu metabolismo não aumenta. São hipotiroideos durante o período de hibernação. Também apresentam resistência à insulina.

CAPÍTULO 6

Crescimento

Os organismos podem crescer de duas formas: ou aumentando o número de células (hiperplasia) ou aumentando o tamanho das células (hipertrofia). O número de células adiposas e musculares é determinado em grande parte no período pré-natal, mas pode aumentar até à puberdade. Após a puberdade, uma pessoa tem o mesmo número de células no seu tecido adiposo; apenas o tamanho das células aumenta à medida que ganha peso. Se perder peso, as células adiposas diminuem de tamanho, mas espere que as gorduras na corrente sanguínea apareçam! O alongamento dos ossos longos também pára na puberdade, exceto em algumas espécies, como os porcos, onde apenas abranda. A Figura 6.1 ilustra em termos simples as principais vias de crescimento.

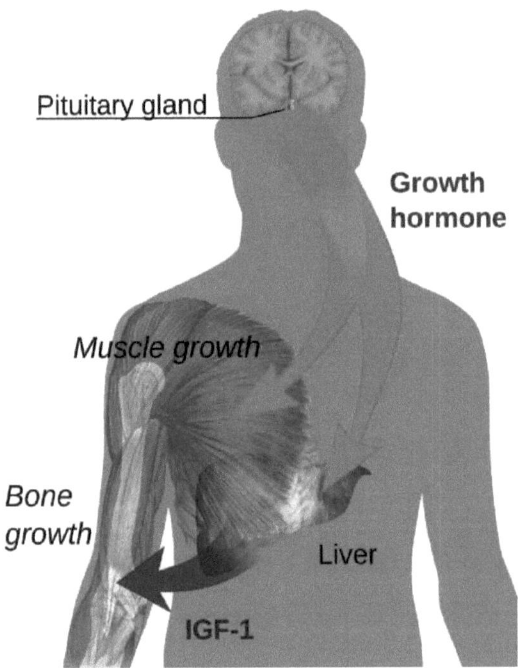

Figura 6.1. Regulação endócrina do crescimento

Fonte: Haggstrdm, Mikael. "Galeria médica de Mikael Haggstrom 2014". Jornal de Medicina da Wikiversidade 1 (2).

Nas espécies pecuárias, o crescimento refere-se principalmente a um aumento do tecido muscular. O crescimento ocorre quando a síntese proteica líquida é maior do que a degradação proteica. Os machos geralmente têm mais crescimento devido ao aumento da testosterona, pois a testosterona diminui ou impede a degradação das proteínas.

HORMONA DE CRESCIMENTO (Somatotropina):

A GH não está envolvida no crescimento pré-natal. Em diferentes experiências, ratos, porcos e coelhos foram hipofisectomizados para impedir a libertação de GH, e os animais apresentaram um crescimento pré-natal normal. Em algumas espécies, os receptores de GH existem no embrião, mas não estimulam o IGF-1, que é a hormona responsável pelos efeitos de crescimento da GH. Tornam-se activos após o nascimento.

Proteínas de ligação à GH:

A estrutura destas proteínas de ligação é semelhante ao domínio extracelular dos receptores de GH. São produzidas em muitos tecidos do corpo. Estas proteínas prolongam a meia-vida da GH ligando-se a ela, diminuindo a sua taxa de depuração metabólica. À medida que os mamíferos envelhecem, a quantidade de proteínas de ligação à GH diminui, eliminando mais rapidamente as hormonas de crescimento do sistema. Numa experiência, as ovelhas com um ano de idade tinham mais proteínas de ligação do que as ovelhas mais velhas. Este facto pode estar relacionado com o abrandamento do crescimento nos mamíferos mais velhos. À medida que envelhecem, os mamíferos, incluindo os humanos, tendem a dormir cada vez menos. O principal período de secreção de GH nos seres humanos é durante o sono e isto está ligado ao sono e não a um ritmo circadiano, como as experiências demonstraram. À medida que a duração do sono diminui, a secreção de GH e da proteína de ligação ao GH também diminui. Durante as longas noites de inverno, o aumento do sono provoca a libertação de mais GH. Isto é necessário, uma vez que são necessárias mais proteínas e, consequentemente, mais GH durante o inverno. Da mesma forma, os mamíferos jovens necessitam de mais proteínas. À medida que o envelhecimento avança, o corpo repara menos e passa menos tempo a dormir.
Dormir é a altura ideal para reparações e construções.

Regulação da secreção de GH:

A GH é única na medida em que tem um controlo hipotalâmico estimulatório e inibitório através da GHRH e da somatostatina (GHIH). Vários sistemas neurais podem afetar a GH através da simulação da GHRH ou do bloqueio da GHIH. Os opiáceos e a 5HT (serotonina) estimulam geralmente a GH. Também estimulam o sono, que por sua vez provoca a libertação de mais GH. A norepinefrina e a epinefrina podem inibir ou estimular a produção de GH. Condições como a presença de esteróides gonadais fazem com que estimulem a produção de GH, enquanto a ausência de esteróides faz com que inibam a GH. Os sinais provenientes da periferia podem afetar a secreção de GH. Sabe-se que a leptina, uma hormona que é um sinal de adiposidade, desempenha um papel na diminuição da ingestão de alimentos e no aumento da secreção de GH.

Geralmente, um aumento do nível de nutrientes aumenta a GH. A glucose e os aminoácidos provocam a libertação de leptina, o que aumenta a produção de GH. Comer também pode aumentar a libertação de T3 e T4, o que provoca uma resposta de epinefrina, que aumenta a produção de GH se existirem esteróides no organismo. A glicose também aumenta a resposta do GH à hormona libertadora da hormona do crescimento (GHRH). Os ácidos gordos livres diminuem a secreção de GH. Isto não deve ser confundido com os ácidos gordos curtos que os ruminantes produzem no processo de digestão. Os ácidos gordos que causam a diminuição da GH são os ácidos gordos de cadeia longa produzidos pela decomposição da gordura. A lipólise é um efeito da GH, pelo que o aumento dos ácidos gordos livres exerce um feedback negativo sobre a GH.

GHRH e GHIH:

Quando tratados com GHRH, os carneiros geneticamente selecionados para uma composição corporal magra (mais músculo e menos gordura) respondem mais do que as linhas obesas. No entanto, não se sabe se são mais magros porque respondem mais à GH, ou se respondem mais à GH porque são mais magros. Os machos gonadais intactos têm maior resposta à GHRH do que as fêmeas e os machos castrados. No entanto, os machos castrados apresentam uma melhor resposta do que as fêmeas intactas (normais). À medida que os animais envelhecem, a resposta do GH ao GHRH diminui. Isto pode dever-se ao facto de os animais mais velhos terem menos proteínas de ligação à GH. Além disso, as diferenças entre os sexos diminuem à medida que os animais envelhecem. Numa experiência, os animais foram injectados com GHRH. Os animais injectados apresentaram níveis mais baixos de GH e IGF-1 e ganharam níveis de gordura. Quando imunizados contra a GHIH (Hormona Inibidora da Hormona do Crescimento ou Somatostatina), os animais tiveram uma maior resposta à GHRH, e a eficiência alimentar e o crescimento também aumentaram.

Péptidos libertadores de GH:

Os péptidos sintéticos de libertação de GH podem ser administrados por via oral em vez de injetar GH e GHRH. Estes péptidos curtos provocam a libertação de GH. Ligam-se ao recetor da grelina (GSR-1).

GH exógena e GH transgénica:

A GH exógena resulta num aumento do tecido magro, acreção proteica (proteína adicionada que provoca um aumento do crescimento), carcaça mais magra e crescimento acelerado. A GH externa diminui a acumulação de lípidos. É utilizado na Austrália na produção de carne de porco para produzir carcaças mais magras (Reporcin®) e nos Estados Unidos (Posilac™) e em alguns outros países para aumentar a produção de leite em vacas leiteiras. O GH humano (HGH) é proibido para utilização por atletas em alguns desportos. Foi alegado que acelera o processo de recuperação de lesões e aumenta o desenvolvimento muscular. É também comercializado como um tratamento anti-envelhecimento.

Um transgénico é um organismo no qual foi inserido um gene de outra espécie no seu genoma. Numa experiência, os ratos com um transgene de GH eram maiores e mais magros, sem efeitos secundários. A mesma ideia foi aplicada também a ovelhas e porcos. No entanto, o transgene não podia ser ligado e desligado como nos ratos, produzindo assim GH continuamente. Os animais tornaram-se demasiado magros ao ponto de ficarem estéreis ou terem a fertilidade reduzida. As fêmeas suínas eram estéreis e os varrascos tinham fertilidade reduzida. Embora não esteja provado que a razão da infertilidade seja a magreza excessiva dos animais, as más condições dos animais fizeram com que a sua tentativa de aumentar a produção de carne fosse um fracasso.

IGF I E II:

O IGF-I (fator de crescimento semelhante à insulina) medeia a maioria dos efeitos da GH. A GH estimula o IGF-I a partir do fígado (função endócrina) e em muitos tecidos onde actua localmente. O IGF também é eficaz de forma parácrina (comunicação entre células adjacentes) e autócrina (dentro de uma única célula). O efeito endócrino do parece ser importante principalmente para efeitos de feedback negativo na libertação de GH. Numa experiência em que o IGF-1 hepático foi eliminado, os ratos cresceram normalmente, mas as concentrações plasmáticas de GH foram muito mais elevadas. Isto indica que o IGF-1 parácrino e autócrino pode ser responsável pelos efeitos de crescimento na maioria dos tecidos. Os efeitos do IGF-II são semelhantes aos efeitos do IGF-II. No entanto, a GH não regula o IGF-2. O IGF-II está ativo principalmente antes do nascimento e o IGF-I causa os efeitos de crescimento devidos à GH no período pós-natal.

Efeitos imunitários da GH:

As células imunitárias incluem receptores de GH. É provável que as células imunitárias não funcionem com o mecanismo GH-IGF, mas que sejam sinalizadas diretamente pela GH. Foi demonstrado que a GH estimula a mitose de leucócitos em bovinos e outras espécies. A GH pode ser produzida por algumas células imunitárias. Uma vez que o recetor de GH é considerado parte da família de receptores de citocinas, não é surpreendente que existam ligações entre a GH e o sistema imunitário.

IGF (FACTOR DE CRESCIMENTO SEMELHANTE À INSULINA):

O IGF-I e o IGF-II são os dois factores mais importantes para o crescimento. O IGF-II é eficaz no período pré-natal, enquanto o IGF-I é eficaz tanto no período pré-natal como no pós-natal. Numa experiência, o IGF-I foi geneticamente eliminado para observar o efeito no desenvolvimento. O recém-nascido tinha 40% do peso normal à nascença e foi observado um crescimento pós-natal mais lento. Quando o IGF-II foi suprimido, o crescimento pós-natal foi normal, enquanto o peso à nascença foi de 40% do peso normal, tal como no embrião suprimido pelo IGF-I. Quando ambos os factores foram eliminados, atingiu-se 30% do peso normal à nascença, mas os ratos morreram após o nascimento porque os músculos respiratórios não se desenvolveram. Tanto o IGF-I como o IGF-II são importantes no período pré-natal, enquanto apenas o IGF-I é importante no período pós-natal. Os knockouts de GH revelam que a GH é importante no período pós-natal, embora não seja ativa no período pré-natal. Increlex™ é IGF-I humano recombinante (rhIGF-I) e é utilizado em casos de defeitos na produção de IGF para estimular o crescimento.

Receptores IGF:

O IGF-I e o IGF-II ligam-se ambos ao recetor de tipo I com elevada afinidade. O IGF-II liga-se ao recetor de tipo II com elevada afinidade. O IGF-I não se liga ao recetor de tipo II. Os receptores de tipo II podem também ligar-se ao fosfato de manose 6. Pensa-se que os fosfatos de manose 6 fazem com que as enzimas lisossomais entrem no lisossoma. O recetor de tipo II não estimula o crescimento.

A insulina liga-se ao recetor de insulina com elevada afinidade e liga-se ao recetor de tipo I com baixa afinidade. O IGF-1 e o IGF-2 ligam-se ao recetor de insulina com baixa afinidade.

Alguns receptores podem receber um dímero a-p do recetor de insulina e o outro do recetor de tipo I. Estes receptores híbridos podem ligar-se ao IGF-I, ao IGF-II e à insulina com elevada afinidade

Em experiências de nocaute do recetor, o nocaute do recetor do tipo I resultou em 45% de peso normal ao nascer e morte pós-natal. Isto mostra que os receptores do tipo I são importantes tanto para a IGF-I como para a IGF-II. Quando a hormona IGF-I e o recetor de tipo I foram eliminados, o resultado foi o mesmo: 45% de peso normal à nascença e morte pós-natal. O bloqueio do recetor IGF-II (tipo II) resultou em morte in utero. A supressão da hormona IGF-II e do recetor IGF-II resultou em 60% do peso normal à nascença e alguns dos animais sobreviveram no período pós-natal. Pensa-se que o excesso de IGF-II tem efeitos negativos e que, quando o recetor de tipo II é removido, os efeitos do excesso de IGF-II causam a morte. Pensa-se que o recetor de tipo II remove o excesso de IGF-II.

Proteínas de ligação ao IGF:

Existem seis proteínas de ligação de alta afinidade com alguma homologia de aminoácidos. As suas funções não são totalmente conhecidas, uma vez que algumas parecem ser estimulantes e outras inibidoras da função do IGF-I. A IGFBP mais estudada é a BP-3, que é a principal proteína de ligação no soro pós-natal. Aproximadamente 99% do IGF-I está ligado na circulação, com ~80% ligado à BP-3. A BP-3 pode estar a promover o crescimento quando ligada ao IGF, transportando o IGF-I para as células alvo. Quando ligada, a BP-3 torna-se parte de um complexo de 150 kDalton com uma subunidade lábil ácida e IGF-I. O BP-3 tem os seus próprios receptores na membrana da superfície celular.

A BP-1 é inibida pela insulina e aumenta durante o jejum. O jejum provoca uma diminuição da libertação de insulina que pode aumentar a BP-1 para diminuir o crescimento. Muitos tipos de células produzem BP-2 e BP-4, e a BP-4 pode ter efeitos inibitórios. O BP5 é encontrado em tecidos fetais de crescimento rápido, enquanto o BP-3 não é importante no período pré-natal. O BP-6 liga-se mais ao IGF-II do que ao IGF-I. O IGF e a insulina aumentam a produção de BP-3 mas inibem a BP-1. Os BP 1, 3 e 5 podem ser fosforilados. Pode haver redundância neste sistema. A KO genética de BP-3 ou 5 isoladamente não teve efeito no crescimento, mas a KO de BP-3, 4 e 5 resultou em ratos que atingiram apenas 75% do tamanho corporal normal. O facto de os efeitos globais das proteínas de ligação serem inibitórios ou estimulantes do crescimento depende do tipo de célula e de outras condições.

Efeitos do IGF-I in vivo:

O IGF-I aumenta a síntese e a acumulação de proteínas, o peso dos órgãos do corpo, especialmente o baço, o timo, os rins e o trato gastrointestinal. Aumenta a formação óssea, a captação de glucose pelas células (o IGF é muito semelhante à insulina em termos de estrutura) e pode causar hipoglicemia. Aumenta a lipólise, os ácidos gordos livres e as cetonas (devido ao aumento da lipólise), aumenta as catecolaminas (epinefrina e norepinefrina) e melhora a cicatrização de feridas. Melhora a cicatrização ao reparar o tecido danificado e ao aumentar a mitose celular. Em animais deficientes em GH ou insensíveis à GH, o IGF-1 aumenta o crescimento linear. Estimula o crescimento em todo o corpo, mesmo nas células mioblásticas (células embrionárias que se transformam em células musculares). O IGF-1 tem mais efeitos mitogénicos do que efeitos miogénicos.

O IGF-1 diminui a excreção de azoto. Isto deve-se ao facto de aumentar a eficiência do consumo de aminoácidos, pelo que são excretados menos aminoácidos sob a forma de compostos azotados, como a ureia. O IGF-1 diminui a secreção de glucagon e a produção hepática de glucose. Isto significa que o gasto de glicose do fígado diminui, a produção de glicogénio aumenta. O IGF-1 reduz a produção de GH através do seu efeito de feedback negativo.

Efeitos nutricionais do IGF-1:

A redução da energia na dieta diminui a resposta do IGF à GH. Quando há menos componentes que fornecem energia na dieta, os receptores de GH no fígado começam a desligar-se. Isto acontece porque menos energia na dieta se traduz numa menor libertação de insulina do pâncreas, e o IGF-1 é muito semelhante à insulina.

A redução da proteína na dieta tem o mesmo efeito sobre o IGF, enquanto a redução da percentagem de gordura na dieta não tem qualquer efeito sobre o IGF. Pode haver alguma glucose produzida a partir da gordura mas, principalmente, a digestão da gordura produz ácidos gordos livres (ruminantes). Os ácidos gordos livres reduzem a produção de GH até certo ponto.

Em suma, a redução do teor de glicose ou de proteínas da dieta reduz o IGF e aumenta a produção de GH devido à diminuição do efeito de feedback negativo, mas a redução do teor de gordura não tem qualquer efeito.

Formação óssea:

Tanto a GH como o IGF-1 podem aumentar a formação óssea através do aumento da mitose dos condrócitos. Os condrócitos produzem cartilagem e o número de células osteoblásticas que cobrem a cartilagem aumenta. Os osteoblastos são as células que formam os ossos.

Factores de crescimento de fibroblastos (FGF):

Existem 23 factores FG (22 identificados em humanos) e a maioria actua de forma autócrina ou parácrina. Os FGF 15/19, 21 e 23 têm efeitos sistémicos. Não são conhecidas as funções de todos estes péptidos estruturalmente relacionados. O FGF-21 aumenta a sensibilidade à insulina e a lipólise e está elevado em condições de jejum. Verificou-se também que está aumentado em humanos obesos e especula-se que estes possam ser resistentes ao FGF-21. Existem quatro tipos de receptores em diferentes tecidos. Uma mutação no FGFR-3 em humanos causa nanismo por acondroplasia com encurtamento das extremidades. Uma mutação diferente no FGFR-3 em ovelhas causa o alongamento dos ossos das pernas (Síndrome do Cordeiro Aranha). Uma mutação do FGFR-2 provoca o fecho anormal do crânio. Após o nascimento, o ponto do crânio que é suposto endurecer fica mole e deixa espaço para lesões cerebrais fáceis.

Factores de crescimento epidérmico (EPG):

Normalmente, actuam de forma autócrina e parácrina. O EGF tem muitos receptores nos tecidos fetais. Quando o EGF é eliminado, o crescimento normal continua. Isto deve-se ao facto de o TGF-a e o EGF se ligarem aos mesmos receptores. Mesmo que o EGF seja eliminado, os receptores podem ligar-se ao TGF-a e o crescimento normal continua.

Fator de crescimento transformador p (TGF p):

O TGF é inibidor da mitose em muitos tumores e células normais. Embora seja designado por fator de crescimento, inibe o crescimento. O TGF pode estar a desempenhar um papel na diferenciação celular e na interrupção do crescimento. É importante parar o crescimento em algumas situações, como quando o desenvolvimento de células musculares é necessário para se romper.

O fator de crescimento **Eritropoetina** estimula a formação de glóbulos vermelhos. Ao escalar montanhas ou ao subir do nível do mar por qualquer razão, a produção desta hormona aumenta nos rins. Esta vai para o baço, aumentando o número de glóbulos vermelhos libertados para o sangue, de modo a que mais oxigénio possa ser transportado, compensando os efeitos negativos do ar rarefeito. Está disponível sob a forma de um medicamento EPOGEN® utilizado para tratar a anemia devida a doença renal. Também tem sido utilizado por corredores de longa distância e ciclistas para aumentar a sua capacidade de transporte de oxigénio e é proibido aos competidores nestes desportos. Outros factores de crescimento, como o **Nerve GF**, previnem a apoptose (suicídio) dos nervos durante o desenvolvimento. A investigação em ratos sugeriu que o NGF pode ser utilizado na reparação de lesões da coluna vertebral.

ESTERÓIDES ANABOLIZANTES:

Tanto os estrogénios como os androgénios podem ser anabólicos, estimulando o crescimento. A testosterona e outros androgénios são anabólicos em todas as espécies, enquanto os estrogénios são anabólicos apenas em ruminantes e roedores.

Mecanismo:

Os esteróides anabolizantes aumentam o crescimento muscular através de múltiplos mecanismos. Os androgénios e os estrogénios aumentam a secreção de GH. A GH estimula o aumento da insulina, a absorção de aminoácidos, a síntese proteica e a formação óssea. Os esteróides também podem estimular a libertação de insulina. A insulina aumenta a síntese proteica e leva as proteínas para as células.

Quando os bois recebem estrogénio, os seus níveis de cortisol diminuem. Em condições normais, o cortisol provoca a degradação das proteínas. Quando o estrogénio diminui esse efeito do cortisol, a degradação das proteínas diminui. A testosterona pode aumentar os níveis de stress devido ao aumento da agressividade. Os níveis de cortisol sob stress aumentam, mas isso é equilibrado porque a testosterona diminui os receptores de glucocorticóides (o cortisol é um deles) nos tecidos musculares. Isto, por sua vez, evita que o cortisol destrua o tecido muscular.

Receptores:

Os músculos do esqueleto bovino têm receptores de androgénio e de estrogénio, enquanto os suínos e outras espécies têm apenas receptores de androgénio. Os níveis de receptores de estrogénio nos músculos não são tão elevados como os níveis de receptores no útero e no hipotálamo. Os androgénios aumentam diretamente a absorção de aminoácidos e a síntese proteica, enquanto diminuem os receptores de glucocorticóides nos músculos. Os estrogénios nos bovinos fazem a mesma coisa, aumentam a síntese proteica e diminuem a degradação.

Efeitos ósseos:

Tanto os androgénios como os estrogénios podem aumentar a formação óssea. Os estrogénios aumentam a atividade dos osteoblastos. A testosterona (um androgénio) estimula a GH. Sucessivamente, a GH estimula os condrócitos, que produzem cartilagem. A cartilagem é coberta por células osteoblásticas, que produzem tecido ósseo. Esta é a principal razão pela qual as mulheres pós-menopáusicas, com níveis baixos de estrogénio, sofrem de perda óssea e osteoporose. A Figura 6.2 mostra o pico da densidade óssea para homens e mulheres, para além da forma como esta se altera ao longo da vida nos dois géneros.

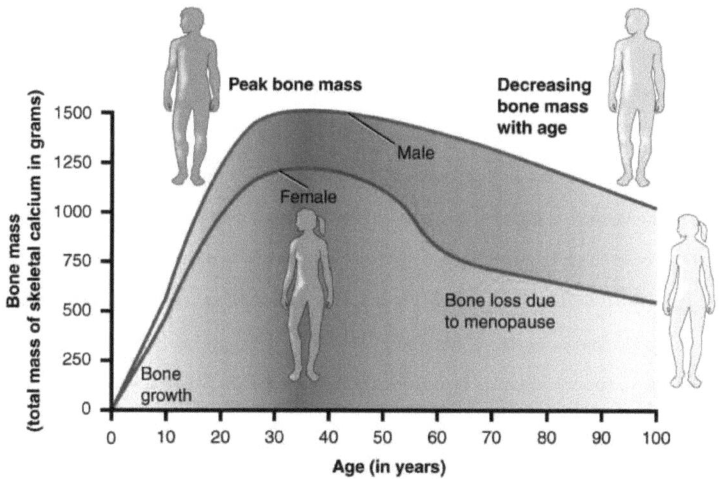

Figura 6.2. Alterações da densidade óssea em homens e mulheres

Fonte: Wikimedia Commons, Anatomia e Fisiologia, Connexions. - OpenStax College

peta-Agonistas:

São agonistas dos receptores peta-adrenérgicos, normalmente ligados à norepinefrina e à epinefrina. Aumentam o tecido magro e diminuem o tecido adiposo (gordura). Os seus receptores encontram-se tanto no tecido adiposo como nos músculos esqueléticos. Os agonistas incluem a Ractopamina, o Clenbuterol e o Climaterol. São activos por via oral e podem ser adicionados aos alimentos. A atividade destes compostos varia consoante as espécies.

Os receptores peta-adrenérgicos podem ser agonistas ou antagonistas em diferentes espécies. Por exemplo, os receptores peta-3 podem ser encontrados no tecido adiposo dos ratos, enquanto os seres humanos não têm essa forma, apenas 01 e 02. Receptores diferentes em espécies diferentes têm propriedades farmacológicas diferentes. Um recetor pode ser uma mistura de agonista-antagonista numa espécie e ser um antagonista puro noutra espécie.

Os peta-agonistas aumentam a síntese proteica e diminuem a degradação proteica. Em dietas pobres em proteínas, os peta-agonistas aumentam a eficiência da utilização das proteínas. Aumentam a taxa de crescimento em marrãs (suínos fêmeas) e galinhas (suínos machos castrados), mas não têm qualquer efeito nos varrascos. Isto deve-se ao facto de a testosterona nos machos intactos estar a aumentar ao máximo a deposição de proteínas, não deixando espaço para os peta-agonistas aumentarem a síntese proteica ou diminuírem a degradação. Os efeitos da Ractopamina e da GH são aditivos. Isto porque os peta-agonistas não têm efeito sobre a GH e actuam por mecanismos completamente diferentes.

Os peta-agonistas não aumentam o peso dos órgãos, actuando apenas nos músculos. Diminuem sobretudo a lipogénese (produção de gordura), em vez de aumentarem a lipólise (degradação da gordura). Isto evita os efeitos negativos da degradação das gorduras, como a formação de cetonas, etc.

Os peta-agonistas aumentam os níveis de calpastatina. Isto resulta na inibição da protease e na diminuição dos níveis de calpaína. A calpaína é inibida pela calpastatina e aumentada pelo cálcio. A calpaína provoca a degradação muscular, pelo que o aumento dos peta-agonistas diminui a degradação muscular através do aumento da calpastatina. Isto pode levar a problemas de maciez na carne destinada ao consumo humano.

Problemas de resíduos impedem a aprovação em algumas espécies. Em 2000, a ractopamina (Paylean™) foi aprovada para utilização em suínos. Um composto semelhante chamado (Optaflexx™) foi aprovado para uso em bovinos em 2004 e outro agonista p para bovinos, o zilpaterol (Zilmax®), em 2007. O efeito destes fármacos é o aumento da massa muscular magra e a redução do tecido adiposo quando administrados durante as últimas fases de crescimento antes de o animal ser enviado para o mercado. Foram detectados resíduos de clenbuterol na carne de cavalos em alguns países europeus. Quando são administrados agonistas de peta aos animais, a carne pode conter resíduos e os seres humanos que a consomem podem apresentar reacções alérgicas, espasmos e aumento do ritmo cardíaco. Alguns países não aprovaram a utilização de peta-agonistas e não permitem a importação de carne de animais alimentados com estes. Se fossem encontrados peta-agonistas que desaparecessem da carne num dia ou dois, isso poderia aumentar consideravelmente a eficiência alimentar na produção animal.

CAPÍTULO 7

Glândulas supra-renais

Existem duas glândulas supra-renais situadas mesmo por cima dos rins. Cada uma é composta por duas partes diferentes, uma parte interna e uma área externa. A parte exterior é designada por córtex suprarrenal e produz hormonas esteróides. A parte interna (medula) é uma extensão do Sistema Nervoso Simpático e produz epinefrina (adrenalina) e norepinefrina (noradrenalina). O córtex e a medula supra-renais surgem de tecidos diferentes no embrião.

Córtex adrenal:

A parte externa da glândula suprarrenal é formada por três zonas:

1. A zona glomerulosa é a zona mais externa. Produz aldosterona, que regula os níveis de sódio no sangue.
2. Zona fasciculata É a zona média. Produz glucocorticóides, principalmente cortisol. Esta zona produz corticosterona nos roedores, porque estes não possuem a enzima que converte a corticosterona em cortisol.
3. A zona reticular é a zona interna. Produz alguns glucocorticóides, alguns androgénios e alguns estrogénios. Os androgénios e os estrogénios não são normalmente tão importantes como os produzidos nas gónadas. Alguns especulam que os androgénios supra-renais podem desempenhar um papel na libido feminina normal.

A ACTH regula as zonas dois e três. Quando a secreção de ACTH aumenta, aumenta a produção de cortisol, testosterona e estrogénio a partir destas duas zonas. Se a produção de cortisol for insuficiente, não há feedback negativo e a ACTH produzida continuamente provoca uma produção excessiva de androgénios e estrogénios. Assim, a falta de produção adequada de cortisol causa masculinização nas mulheres e ginecomastia (desenvolvimento excessivo dos seios devido aos estrogénios) nos homens.

Hiperplasia adrenal congénita:

Ocorre quando uma mulher nasce com genitais ambíguos ou de aparência masculina. Esta situação é causada pela falta de cortisol no feto feminino. A ACTH é produzida em excesso para aumentar os níveis de cortisol, o que resulta numa produção excessivamente elevada de androgénios a partir da reticular suprarrenal. Estes androgénios fazem com que os órgãos genitais externos tenham um aspeto masculino ou ambíguo. A doença pode ser tratada através da reposição de glucocorticóides.

Regulação da ACTH:

A ACTH tem um ritmo circadiano relacionado com o ritmo do cortisol. Níveis baixos de cortisol provocam uma produção elevada de ACTH, o que provoca um aumento da produção de cortisol, bem como de outros glucocorticóides e esteróides. O cortisol aumenta imediatamente antes do período mais ativo do dia para o animal.

Tanto a CRH como a AVP (vasopressina) provenientes do PVN do hipotálamo aumentam a libertação de ACTH. Quando há pouco ou nenhum cortisol no sistema, a CRH é libertada para aumentar os níveis de ACTH, e a ACTH aumenta o cortisol. A hormona hipotalâmica que é o estimulador primário da ACTH difere em diferentes condições, como mostra a evidência abaixo.

Em ovinos, a imunização ativa contra a CRH diminui a secreção circadiana de cortisol. A imunização ativa contra a AVP, por outro lado, diminui a resposta do cortisol devido à contenção do animal e à hipoglicemia.

Nos cavalos, o exercício aumenta os níveis de AVP, mas não os de CRH. A metirapona é um inibidor da síntese de cortisol e pode aumentar tanto a AVP como a CRH ao impedir o feedback negativo.

Nos suínos, a CRH é mais potente do que a VP (os suínos têm lisina vasopressina em vez de AVP) na libertação de ACTH. No entanto, a melhor resposta ocorre quando ambas são administradas em conjunto.

Nos ratos, a CRH e a AVP encontram-se nas mesmas vesículas na Eminência Mediana. Cinquenta por cento dos neurónios da CRH também produzem AVP. As regiões do hipotálamo onde a CRH e a AVP se encontram juntas são diferentes das regiões onde a CRH se encontra sozinha. Estas são activadas seletivamente pelo fator de stress. Assim, uma ou ambas as hormonas podem ser libertadas para permitir um controlo mais preciso dos níveis de ACTH e de cortisol.

Efeitos do cortisol:

O cortisol é designado por glucocorticoide porque aumenta os níveis de glicose no sangue, tal como o glucagon. A insulina reduz a glicose no sangue, ao contrário do cortisol. Segue-se um resumo dos efeitos do cortisol. Cortisol

- Aumenta a degradação das proteínas, fornece aminoácidos para a gluconeogénese
- Aumenta a lipólise (degradação das gorduras),
- Aumenta a libertação de opiáceos e de PRL,
- Diminui a síntese proteica,
- Diminui o crescimento ósseo,
- Diminui a lipogénese (produção de gordura),
- Diminui a libertação de LH e GH,
- Converte aminoácidos em glucose (gluconeogénese),
- Aumenta a concentração de Na e água no sangue, através de efeitos mineralocorticóides. O cortisol, embora menos potente do que a aldosterona, é segregado em quantidades mais elevadas e é responsável por uma parte significativa do equilíbrio de Na e da regulação da pressão arterial.

O cortisol é necessário ao feto para a maturação dos pulmões. Estimula a produção de surfactante nos pulmões em desenvolvimento. Nalgumas espécies, o aumento do cortisol é também necessário para o parto.

O cortisol também afecta o sistema imunitário. Reduz o inchaço (anti-inflamatório), diminui a produção de linfócitos, inibe a síntese de interleucina-1 e reduz a febre. A interleucina-1, uma citocina pró-inflamatória, pode estimular a libertação de ACTH e cortisol, pelo que existe um sistema de feedback negativo para evitar a estimulação excessiva do sistema imunitário. O cortisol ou os análogos dos glucocorticóides são utilizados para tratar a inflamação e a asma, que pode ser causada pela inflamação das vias respiratórias.

O cortisol diminui tudo o que está relacionado com o crescimento e controla as ferramentas do sistema imunitário.

Se o sistema imunitário não fosse controlado pelo cortisol, a produção excessiva de células imunitárias danificaria as células normais, para além das células nocivas.

Deficiência de glucocorticóides: Doença de Addison

A diminuição do cortisol no sistema provoca hipoglicemia, porque a glucose no sangue é insuficiente. A deficiência de glucocorticóides causa diminuição da pressão arterial, anemia (falta de vitamina K devido à falta de cortisol), fadiga (pressão arterial baixa), aumento de problemas auto-imunes (células imunitárias produzidas em excesso danificam células normais) e pigmentação escurecida. A pigmentação escurecida pode ser causada pelo aumento da ACTH. Como há pouco ou nenhum cortisol, é produzida mais ACTH, que se liga mais aos receptores MC-2 e MC-1 no cérebro. O recetor MC-1 regula a pigmentação (Capítulo 6) A MSH e a ACTH são muito semelhantes em estrutura e podem competir na ligação aos receptores.

Excesso de glucocorticóides: Doença de Cushing

Demasiado cortisol no sistema provoca hiperglicemia, uma vez que o sangue recebe demasiada glucose. O excesso de cortisol provoca a degradação das proteínas para converter os aminoácidos em glicose (gluconeogénese), causando uma diminuição da massa muscular. A glicogenólise é aumentada nas fases iniciais pelo cortisol, através de efeitos passivos sobre o glucagon e aumentando o efeito das catecolaminas, mas nas fases posteriores do jejum o cortisol aumenta a glicogenólise e o armazenamento de glicose no fígado. A superabundância de glucocorticóides enfraquece os ossos e provoca uma má cicatrização das feridas (sistema imunitário inibido). Demasiado cortisol provoca sintomas semelhantes aos do stress e sintomas de depressão.

<u>Medula adrenal:</u>

A medula suprarrenal produz, armazena e liberta epinefrina (adrenalina) e norepinefrina (noradrenalina).

Catecolaminas:

As aminas produzidas a partir da tirosina são designadas catecolaminas (epinefrina e norepinefrina, ver capítulo 2). As células pós-ganglionares do sistema nervoso simpático são modificadas para produzir estas aminas. A norepinefrina pode ser convertida em epinefrina e cerca de 80 % das catecolaminas no plasma são epinefrina. A libertação de catecolaminas provém de impulsos nervosos, pelo que a libertação é rápida em resposta a factores de stress.

Alguns efeitos das catecolaminas são muito semelhantes aos efeitos do cortisol. Aumentam a glicogenólise e a lipólise, aumentam a frequência cardíaca e a força das contracções, aumentam a vasodilatação dos músculos e da pele, aumentam a dilatação dos brônquios (os inaladores de ação rápida utilizam agonistas das catecolaminas), aumentam a dilatação das pupilas e aumentam a transpiração. Tudo isto são preparações do organismo para evitar o conflito ou para o combater. Mais glicose e gordura são utilizadas como energia, os músculos ganham mais força e a pele torna-se mais resistente às alterações ambientais, o coração bombeia mais depressa e envia mais sangue para os músculos esqueléticos, a dilatação dos brônquios fornece mais oxigénio ao corpo. As pupilas dilatam-se para ver melhor e a transpiração aumenta para eliminar o calor produzido. Também diminuem o fluxo sanguíneo para o trato gastrointestinal e diminuem as contracções do músculo liso uterino. Como o útero está relaxado, o parto é atrasado. Não seria sensato para o organismo fazer a digestão ou dar à luz no meio de uma situação de stress.

GLÂNDULAS ADRENAL: Endocrinologia do stress:

O stress é a reação biológica a qualquer estímulo que perturbe a homeostase. O stress pode ocorrer com estímulos físicos, mentais ou emocionais. A causa do stress é designada por fator de stress.

Síndrome de Adaptação Geral:

Hans Selye (1978) escreveu que os organismos dão uma resposta geral, independentemente do fator de stress. Quando era um jovem estudante de medicina em 1926, reparou que os doentes com diferentes doenças davam uma resposta comum no início das suas doenças infecciosas. Estas respostas eram o aumento das glândulas supra-renais, o inchaço e depois a contração dos órgãos produtores de glóbulos brancos e a irritação do estômago e dos intestinos. Chamou a estes sintomas, a Adaptação Geral

Síndroma. A síndrome tem três fases: alarme, resistência e exaustão. Na fase de alarme, o corpo desencadeia um conjunto de reacções para combater o fator de stress. Isto irá suprimir o sistema imunitário, tornando o corpo mais suscetível a doenças. Na fase de resistência, o corpo adapta-se ao stress e até aumenta a resistência às doenças, porque o sistema imunitário começa a trabalhar em excesso. Se o stress for prolongado, o corpo entrará na fase de exaustão, diminuindo consideravelmente a resistência às doenças, desenvolvendo depressão e abrandando os mecanismos vitais. Alguns dos sintomas de stress são apresentados na Figura 7.1.

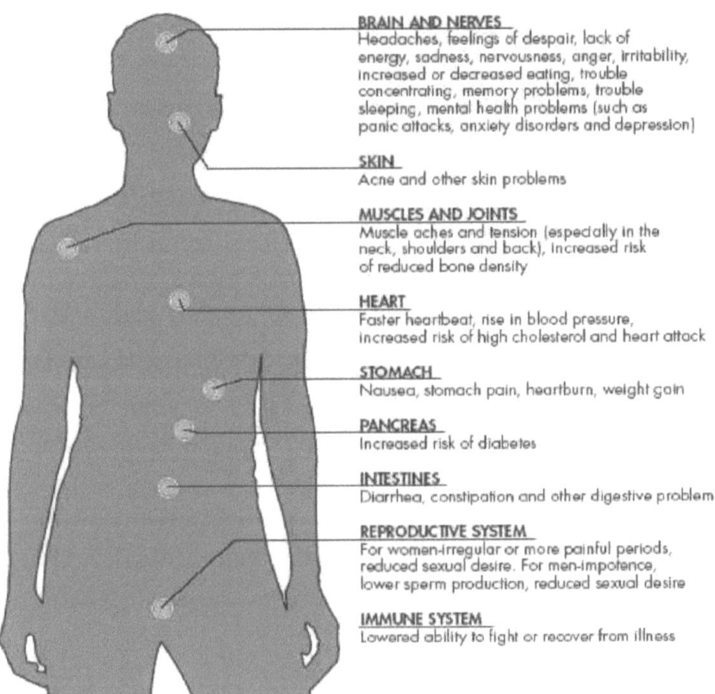

Figura 7.1. Principais sintomas de stress em ambos os sexos.

Fonte: Wikimedia Commons.

John Mason demonstrou que a resposta a todos os factores de stress não é a mesma. O aumento da atividade suprarrenal não indica necessariamente stress. Por exemplo, as relações sexuais aumentam a atividade suprarrenal, embora não sejam uma fonte de stress. O medo e a raiva provocam respostas cardiovasculares e endócrinas diferentes.

Alostase

Dado que o stress se tornou um termo tão generalizado e associado na mente da maioria das pessoas a conotações negativas, foram introduzidos outros conceitos pelos investigadores neste domínio. Um destes conceitos, introduzido por B.S. McEwen e outros, é o de **alostase**, que significa manter a homeostasia através da mudança (ver discussão aprofundada em http://www.macses.ucsf.edu/Research/allostatic/allostatic.php). A carga alostática refere-se aos efeitos no corpo devido aos mecanismos fisiológicos necessários para responder a perturbações repetidas da alostase. Por exemplo, os macacos machos de posição elevada numa situação social instável têm concentrações elevadas de catecolaminas e pressão arterial elevada, o que acelera o desenvolvimento da aterosclerose (Manuck et al., 1995). Este conceito pode levar à identificação e à quantificação dos efeitos dos factores de stress na saúde individual.

Síndrome de luta ou fuga: Resposta aguda ao stress

Ameaças graves à homeostase (internas ou externas) provocam a libertação de hormonas supra-renais. Lutar ou fugir requer as mesmas respostas do corpo (libertação de catecolaminas e cortisol). A CRH e a AVP controlam estas respostas. Quando a CRH é aumentada no hipotálamo, aumenta a secreção de ACTH da hipófise e estimula o sistema nervoso simpático. Este sistema produz epinefrina (adrenalina) e liberta-a através de impulsos nervosos. A CRH e, em certa medida, a AVP aumentam a ACTH, que aumenta a libertação de cortisol na zona fasciculada e na zona reticular. A CRH provoca a libertação de catecolaminas através do sistema nervoso simpático, o que resulta em respostas semelhantes, mas mais rápidas. A resposta de luta ou fuga pode ser observada não só em animais (Figura 7.2), mas também em seres humanos, em muitas situações da nossa vida quotidiana. Por exemplo, quando alguém está a dar uma palestra, pode ficar nervoso e ficar com um nó na garganta. Isto está diretamente relacionado com a resposta de luta ou fuga. Sentimentos negativos como a raiva e o medo podem desencadear esta resposta, provocando um ritmo cardíaco e uma respiração acelerados e uma libertação rápida de glicose no sangue. Todas estas alterações fisiológicas são benéficas para a sobrevivência numa situação de emergência de luta ou fuga, mas podem ser prejudiciais a longo prazo,

Figura 7.2. Resposta de luta ou fuga

Fonte: Wikimedia commons

Outras hormonas do stress:

Opiáceos:

Os três sistemas diferentes de péptidos opióides têm todos neurónios distribuídos pelo cérebro, incluindo o hipotálamo, a peta-endorfina, uma parte da POMC, os neurónios estão localizados no núcleo arqueado e também é libertada pela glândula pituitária juntamente com a ACTH. Os opióides causam analgesia relacionada com o stress. Diminuem consideravelmente a sensação de dor durante um curto período de tempo durante uma lesão, enquanto a lesão ainda está "quente". Alguns atletas referem não sentir o efeito de uma lesão até ao fim do evento. À medida que o efeito dos opiáceos se vai desvanecendo, o organismo começa a sentir a dor. Isto também se aplica às feridas emocionais. Sabe-se que os grandes factores de stress (perda de emprego, divórcio, etc.) provocam alívio durante um curto período de tempo, até que a pessoa reconheça o que aconteceu dentro de alguns dias.

Os opiáceos podem afetar a função imunitária e a secreção de uma série de hormonas. Os seus efeitos no sistema reprodutor serão abordados mais adiante.

Efeitos do stress noutras hormonas:

Os níveis de stress podem ser medidos através da medição dos níveis de cortisol quando o organismo está sob stress ou quando é injectada ACTH (ACTH challenge). O stress diminui os níveis das hormonas reprodutivas. A CRH, a ACTH, a AVP e o cortisol afectam a secreção de LH. Por exemplo, a CRH diminui a LH em ratos e macacos e a AVP diminui a LH em macacos. A diminuição da LH diminui a taxa de ovulação.

O stress aumenta os níveis de opióides, como a peta-endorfina, que diminui os níveis de LH. Em ratos e macacos, a naloxona, um antagonista opióide, impede que o stress diminua os níveis de LH. O stress ou as injecções de ACTH provocam a morte embrionária precoce em ovelhas, mas o mecanismo ainda não foi identificado.

As catecolaminas são tão eficazes como a CRH, a ACTH e a AVP na diminuição da LH. Impedem a GnRH de aumentar a LH. As gónadas também têm receptores de catecolaminas. Há quem afirme que o cortisol também tem um efeito direto nas gónadas. Quando os níveis de stress aumentam, a testosterona e a epinefrina aumentam a curto prazo. No entanto, se o stress continuar, os níveis de testosterona começam a diminuir e os níveis de cortisol começam a aumentar. A epinefrina é libertada muito rapidamente e é boa para a defesa a curto prazo contra o stressor; o cortisol leva tempo a ser libertado.

O stress diminui os níveis de GH (somatotropina), travando o crescimento. Dormir diminui o stress, uma vez que os níveis de GH aumentam durante o sono. Diminui os níveis de somatostatina, diminuindo o apetite.

Em geral, o stress aumenta a CRH, a ACTH, a AVP, as catecolaminas (curto prazo), o cortisol (longo prazo), a testosterona (curto prazo), os opióides e a prolactina. O stress diminui a testosterona (a longo prazo), a LH, a GnRH, a taxa de ovulação e os níveis de GH.

GLÂNDULAS ADRENAL: Interações Imuno-Endócrinas:

Os sistemas imunitário e endócrino utilizam ambos mensageiros químicos que podem viajar na corrente sanguínea. As hormonas endócrinas afectam as células imunitárias, incluindo as que produzem citocinas. As citocinas afectam os tecidos endócrinos e as hormonas afectam as células imunitárias. As citocinas não são muito diferentes das hormonas, mas o termo é utilizado para definir interleucinas, linfócitos e algumas moléculas de sinalização relacionadas produzidas pelas células imunitárias. Algumas hormonas parecem ser produzidas por células imunitárias.

Interleucina-1 0:

Esta é a citocina mais estudada. O organismo liberta interleucina-1 p como primeira resposta a qualquer infeção. Quando as bactérias entram no organismo e libertam endotoxinas bacterianas, como o lipopolissacárido (LPS), uma enzima converte a interleucina-1 p na sua forma ativa. A interleucina-1 p estimula a produção de outras citocinas. Isto provoca a libertação de CRH do hipotálamo, que liberta cortisol, diminuindo os níveis de interleucina-1 p (ciclo de feedback negativo). A interleucina-1 p aumenta a febre e o calor corporal através do aumento das prostaglandinas.

O cortisol inibe a produção de interleucina-1 p para a manter sob controlo. No entanto, se houver demasiadas bactérias, os efeitos do cortisol podem ser anulados. A supressão do cortisol durante uma infeção normal resulta em artrite. As articulações incham devido à produção excessiva de interleucina-1 p. O cortisol é também responsável pela inibição da produção de outras citocinas, como o fator de necrose tumoral (TNF-a). Demasiado TNF-a pode ser prejudicial porque a sua função é destruir os tecidos. O cortisol também inibe a Interleucina-6, a Interleucina-8, a produção de anticorpos pelos linfócitos p, a proliferação de células assassinas naturais (NK), células T auxiliares e outros linfócitos. A libertação de IL-6 e de TNF-a provoca a libertação de ACTH na hipófise e o organismo entra na fase de alarme.

As células imunitárias aumentam a produção de CRH, ACTH, p-endorfina, GnRH, GH, Prolactina, AVP, Somatostatina, VIP, TRH e TSH. Destes, a CRH aumenta a IL-1 p e as células NK, mas diminui a produção de linfócitos. Por sua vez, o cortisol diminui a CRH (feedback negativo). Para além da CRH, os péptidos POMC (ACTH e p-endorfina) aumentam a atividade das células NK, a p-endorfina aumenta também a produção de IL-2. Num estudo, os indivíduos com concentrações mais baixas de p-endorfina tinham uma atividade NK mais baixa e tinham mais doenças infecciosas. Uma vez que a p-endorfina é libertada quando o organismo está feliz, é aconselhável comer alimentos que resultem em felicidade (chocolate, etc.) ou fazer outras coisas que resultem na libertação de p-endorfina. Pode ser qualquer coisa que faça a pessoa feliz e a faça sentir-se bem. Há séculos que se discute se a canja de galinha ajuda ou não quando o corpo se constipa. Os alimentos que fazem com que a pessoa se sinta bem podem resultar na libertação de mais p-endorfinas, acelerando a cura. No entanto, numa experiência com ratos, a administração crónica de p-endorfina diminuiu a proliferação de células T. A exposição prolongada a opiáceos diminui a resistência à doença, ao passo que uma exposição de curta duração é benéfica.

A maioria das células e macrófagos libertam opióides nos tecidos inflamados. Estes podem ser quaisquer feridas, queimaduras, acne, etc.

GH e PRL:

A GH aumenta a atividade das células NK através do aumento da produção de aniões superóxido pelos neutrófilos. Também aumenta a atividade do timo (células T) em ratos idosos. O cortisol controla o sistema imunitário diminuindo a GH, para além das outras hormonas que inibe. A PRL aumenta a proliferação dos linfócitos p e T. Se a Prolactina for inibida, ocorre imunodeficiência. Na glândula timo, encontram-se receptores de GH e PRL e a PRL aumenta a hormona timosina.

Glândula Timo:

O timo é um órgão linfático onde as células T amadurecem e se multiplicam. Está localizado mesmo em frente ao coração, na caixa torácica. Para além das células T, produz os péptidos Thymosin, Thymopoietin e Thymic Fraction 5 que podem ter efeitos endócrinos. Estes compostos, tal como o timo no seu todo, têm recebido relativamente pouca atenção da investigação. A falta de timo aumenta a suscetibilidade a doenças infecciosas. A glândula timo é maior nos recém-nascidos. Diminui à medida que o organismo passa pela puberdade e o tecido tímico é substituído por tecido adiposo, provavelmente devido aos efeitos das hormonas sexuais que aumentam durante a puberdade. Os ratinhos que nascem sem glândula timo são chamados ratinhos nus, porque não têm pelo. É possível implantar tecidos nestes ratinhos porque o seu sistema imunitário é muito fraco, pelo que são utilizados em muitos estudos de investigação. Se a glândula timo for removida em animais recém-nascidos, o crescimento é inibido e a puberdade é atrasada. É evidente que quando um dos instrumentos de defesa contra as bactérias é retirado, o organismo tem de afetar mais recursos para combater as infecções. Existe um limite total para a energia que pode ser digerida e gasta. A afetação de mais energia à luta contra a doença deixa menos energia para ser afetada ao crescimento. Esta é a razão pela qual os animais de criação são alimentados com antibióticos. Desta forma, podem afetar mais energia ao crescimento e menos energia à defesa do organismo contra as bactérias. É claro que isto não é feito por um "pensamento" consciente dos animais, mas o cérebro controla-os automaticamente.

As hormonas tímicas aumentam a proliferação das células T na medula óssea e activam o baço e os modos linfáticos. Também aumentam a atividade das células NK e a libertação de citocinas das células T. Os poucos estudos efectuados sugerem que as hormonas tímicas podem aumentar a GnRH, a GH, a PRL e a ACTH, mas diminuem o nível de TSH.

GLÂNDULAS ADRENAL; Regulamentação dos minerais

Regulação do sódio:

A aldosterona é uma hormona produzida pela zona glomerulosa do córtex suprarrenal. Aumenta a retenção de Na (sódio) e aumenta a reabsorção de água nos rins (Figura 7.3). Tal como a AVP, traz água dos rins para a corrente sanguínea, mas não contrai diretamente os vasos sanguíneos. A ação da aldosterona demora cerca de 30-60 minutos. Ela se liga aos receptores de corticóides do tipo 1 nos túbulos distais, aumentando a reabsorção de Na e água. Se a produção de aldosterona for demasiado elevada, provoca retenção de sódio, hipertensão arterial, batimentos cardíacos irregulares e até paralisia. O peptídeo natriurético atrial (ANP), produzido pelas células dos átrios do coração em resposta ao aumento do volume sanguíneo, diminui a concentração de Na na corrente sanguínea, aumentando a sua excreção, e causa vasodilatação. Dois outros peptídeos natriuréticos, o peptídeo cerebral (BNP) e o peptídeo central (CNP), são produzidos noutras partes do corpo. Existem três tipos de receptores de péptidos natriuréticos (NPR). O ANP e o BNP ligam-se ao NPR-A e o CNP liga-se ao NPR-B. O NPR-C parece ser um recetor de depuração. O ANP e a aldosterona equilibram a concentração de Na e água nos fluidos corporais e a pressão arterial. O ANP pode ser utilizado como medicamento para tratar insuficiências renais, acumulação de líquidos em excesso e problemas cardíacos.

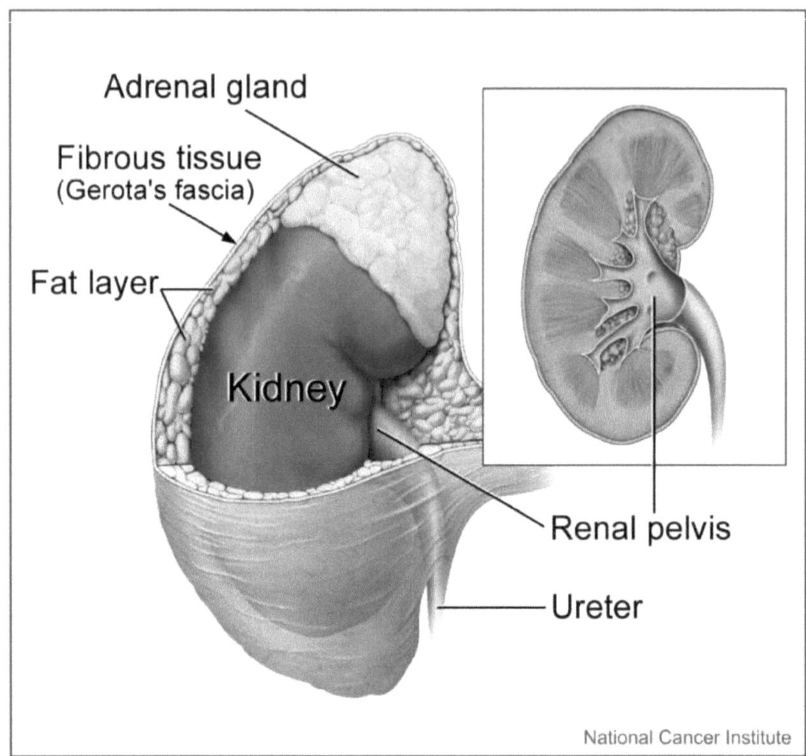

Figura 7.3. Glândulas supra-renais e rins

Fonte: Instituto Nacional do Cancro, domínio público

Quando a pressão arterial (medida pelos barorreceptores) ou os níveis de Na descem abaixo de um determinado ponto, as células justaglomerulares dos rins produzem Renina e libertam-na na corrente sanguínea sob a forma ativa. A renina converte o angiotensinogénio (inativo) em angiotensina I (com muito pouca atividade). A Enzima Conversora da Angiotensina (ECA) converte a AI em Angiotensina II (AII), que estimula a libertação de aldosterona. Os inibidores da ECA são frequentemente utilizados para tratar a tensão arterial elevada. Semelhante à AVP, a AII aumenta a pressão arterial diretamente através da constrição dos músculos lisos vasculares. A adrenomedulina, libertada pela medula suprarrenal, impede que a AII estimule a aldosterona.

Uma concentração elevada de potássio (K^+) na corrente sanguínea aumenta diretamente a secreção de aldosterona. Por sua vez, a aldosterona aumenta a excreção de potássio. Normalmente, a ACTH regula a zona fasciculada e a zona reticular. No entanto, níveis elevados de ACTH podem estimular a aldosterona até certo ponto (a partir da zona glomerulosa). Níveis elevados de estrogénio podem estimular a produção de aldosterona, aumentando o volume do plasma sanguíneo durante a gravidez.

Regulação do cálcio:

A hormona paratiroideia (PTH) é uma das hormonas que controla o equilíbrio do cálcio. A PTH é essencial para a vida, porque provoca a libertação de cálcio (Ca) dos ossos quando os níveis de Ca no sangue são baixos, estimulando os osteoclastos. As células principais da glândula paratiroide produzem a hormona, o que aumenta a degradação do cálcio dos ossos, a reabsorção do cálcio pelos rins, a excreção de P e a ativação da vitamina D pelos rins.

A proteína relacionada com a PTH (PTHrP) é muito semelhante à PTH. Pode mobilizar o Ca e aumentar o fluxo sanguíneo para a glândula mamária. Durante a lactação, a concentração de PTHrP aumenta. Este facto permite que o leite seja rico em cálcio. A PTHrP também está envolvida na diminuição do crescimento ósseo após o primeiro ano de idade em bebés humanos (Roush, 1996; Vortkamp etal., 1996).

A absorção de cálcio da dieta requer vitamina D. Os dois membros mais comuns do grupo da vitamina D são o ergocalciferol (vitamina D_2) e o colecalciferol (vitamina D_3). A vitamina D aumenta a produção de uma proteína que transporta o Ca dos intestinos para o sangue, aumentando a absorção de Ca. Aumenta também a absorção de fósforo (P), a síntese proteica e a eficácia da PTH nos ossos. A vitamina D pode estar na dieta ou pode ser produzida na pele com exposição à luz solar, a partir do 7-desidrocolesterol. A PTH converte a forma inativa da vitamina D na forma ativa. Depois de a vitamina D_3 ser convertida em 25-hidroxivitamina D_3 , a forma circulante, é levada para os rins para ser convertida em 1, 25-di-hidroxivitamina D_3 , a forma ativa. No sangue, a vitamina D liga-se a uma proteína chamada Transcalciferina, que a transfere para o fígado. A carência de vitamina D nas crianças conduz ao raquitismo; nos adultos, é designada por osteomalácia.

Outra hormona, a calcitonina (CLT), faz com que o cálcio seja armazenado nos ossos. O cálcio nos ossos é utilizado quando o cálcio da dieta não é suficiente, mas é armazenado nos ossos quando o cálcio da dieta é abundante. Uma presença elevada de cálcio no sangue inibe a PTH e aumenta a CLT, fazendo com que o excesso de cálcio seja levado para os ossos. Os osteoblastos são células que ajudam no crescimento dos ossos; os osteoclastos são células que decompõem o osso. A CLT diminui a atividade dos osteoclastos, enquanto a PTH a estimula. A CLT e a gastrina estão num ciclo de feedback negativo. A gastrina aumenta o TCL, o TCL diminui a gastrina e, por conseguinte, a gastrina deixa de poder aumentar o TCL.

Hepcidina: Um péptido hepático que regula os níveis de ferro no sangue

Este péptido, descoberto em 2000, reduz os níveis de ferro no sangue diminuindo a absorção de ferro no intestino e reduzindo a saída de ferro dos macrófagos e do fígado, os principais locais de armazenamento de ferro. Para o efeito, liga-se à ferroportina, a proteína do canal de exportação do ferro. Pode ser importante em determinadas condições. Por exemplo, os doentes com p-talassemia têm níveis mais baixos de hepcidina.

CAPÍTULO 8

Endocrinologia comportamental

As hormonas afectam o comportamento e as interações sociais, que por sua vez afectam as hormonas. As hormonas não causam necessariamente qualquer comportamento, mas alteram a resposta a determinados estímulos.

Comportamento sexual:

A resposta positiva das fêmeas aos estímulos sexuais é designada por resposta de lordose. A lordose é causada por níveis elevados de estrogénio em muitas espécies e pela estimulação dos quartos traseiros. Nos ratos, a entrada sensorial nas patas traseiras aumenta, enviando impulsos nervosos daí para a coluna vertebral, e da coluna vertebral para o Núcleo Ventromedial (VMN) no cérebro, quando as concentrações de estrogénio são elevadas. Como mencionado no capítulo sobre o hipotálamo, o estradiol implantado no VMN causará lordose em ratos e ovelhas ovariectomizados. Se um macho estiver presente e a fêmea permitir que ele acasale, esse comportamento é chamado de **recetividade.** A procura de um macho por uma fêmea é chamada de **proceptividade.** A proceptividade pode ser medida pelo tempo que a fêmea passa a procurar um macho ou pelo número de obstáculos que a fêmea ultrapassa para chegar a um macho. A libertação de estrogénio aumenta a proceptividade e a recetividade das fêmeas. A procura da fêmea pelo macho é designada **por libido** e pode ser medida pelo esforço despendido para acasalar ou pelo número de montarias num determinado período de tempo. O macho pode ser colocado num grupo de fêmeas em cio, medindo-se o número de fêmeas montadas pelo macho. Os machos castrados antes da puberdade não apresentam comportamento sexual, ao passo que os machos castrados após a puberdade continuarão a fazê-lo a uma taxa mais baixa. O macho é castrado mas a associação da conduta sexual com o prazer continua, mantendo a libido viva mesmo após a castração. Exemplos destes podem ser vistos também em humanos. Por exemplo, nalguns casos, os criminosos culpados de violação continuam a agredir as mulheres mesmo depois da castração química. A castração antes da puberdade é completamente bem-sucedida, porque não há experiência de conduta sexual antes da castração; portanto, não há associação dela com prazer.

O valor de estímulo de certas fêmeas sobre os machos é designado por **atratividade.** Trata-se de uma medida parcial e relativa. A atratividade de uma fêmea pode mudar de macho para macho. Se for administrado estrogénio externo a uma fêmea, a sua atratividade aumenta. Nos ratos e em algumas outras espécies, quando um macho acasala com uma fêmea, os acasalamentos consecutivos com a mesma fêmea diminuem a sua atratividade para esse macho. O fenómeno de que os acasalamentos anteriores diminuem a atratividade de uma fêmea é designado por **efeito Coolidge.** Este efeito tem o nome de Calvin Coolidge, 30th presidente dos EUA (1923- 1929). Segundo a história, o Presidente Coolidge e a sua mulher visitaram uma quinta de criação de galinhas, onde foram levados em visitas guiadas separadas. Quando a primeira-dama viu que havia cerca de dez galinhas e um galo, perguntou porque é que havia tantas fêmeas e apenas um macho. O guia respondeu-lhe que os galos têm uma resistência incrível. Ao ouvir isto, deu instruções a um dos seus ajudantes para ir dizer isto ao seu marido. Quando lhe falaram da resistência dos galos, o Presidente Coolidge perguntou ao guia se o galo acasalava sempre com a mesma galinha. Quando lhe foi dito que o galo acasala com muitas galinhas diferentes, deu instruções ao assistente para ir dizer isso à primeira-dama. Desde então, este efeito passou a ser designado por Efeito Coolidge.

O comportamento monogâmico é encontrado numa pequena percentagem de espécies, mas varia muito nos grupos de mamíferos. Por exemplo, duas espécies diferentes de ratazanas (pequenos roedores) diferem na monogamia. As ratazanas da pradaria (Microtus ochrogaster) são monogâmicas e passam a maior parte do tempo com os seus companheiros e crias (Figura 8.1).

Figura 8.1. O acasalamento faz com que as ratazanas-da-pradaria formem laços para toda a vida, que também podem ser desencadeados pela ativação epigenética de genes no cérebro dos roedores.

Fonte: Nature Publishing Group, número de licença: 3800131465533

Em contrapartida, as ratazanas das montanhas (Microtus montanus) são promíscuas e os machos não partilham os cuidados com a sua progenitura. As fêmeas destas duas espécies diferentes têm diferentes distribuições de receptores de oxitocina nos seus cérebros. Os cérebros dos machos não se diferenciam quanto à distribuição da oxitocina e um antagonista da oxitocina administrado no cérebro das ratazanas-da-pradaria não teve qualquer efeito no seu comportamento. No entanto, quando a AVP é administrada no cérebro de machos de ratazanas promíscuas, estes desenvolvem uma ligação com as fêmeas. Quando um antagonista da AVP é administrado a machos monogâmicos, a ligação entre pares é quebrada e a agressão contra outros machos diminui. A oxitocina e a AVP estão envolvidas na recetividade sexual e na criação de laços nas fêmeas de ratazana da pradaria. A AVP está envolvida nos comportamentos sociais masculinos típicos de muitas espécies, incluindo a comunicação, a agressão, o comportamento sexual e, em espécies monogâmicas, a ligação entre pares e os cuidados paternais (Young et al., 1999).

Estudos realizados em seres humanos sugeriram que o tratamento com oxitocina ou actividades que aumentam a secreção de oxitocina (mesmo o acesso às redes sociais) podem tornar as pessoas mais confiantes.

Por exemplo, o tratamento com pessoas tratadas com oxitocina devolveu mais dinheiro a outros participantes na experiência (Makolacjzak et al., 2010). Outro estudo referiu que a oxitocina aumentava a confiança e as impressões favoráveis apenas no seio do próprio grupo étnico das pessoas testadas (De Dreu et al., 2011). Estas experiências são algo controversas e difíceis de interpretar, uma vez que é provável que os efeitos sejam subtis e influenciados por muitos outros factores. Não existe qualquer diferença entre homens adultos homossexuais e heterossexuais em termos de níveis hormonais sistémicos. A mesma afirmação é válida para as mulheres adultas homossexuais e heterossexuais. No entanto, os níveis de aromatase (uma enzima que converte androgénios em estrogénios) em carneiros adultos orientados para o sexo masculino são inferiores aos níveis de aromatase em carneiros adultos orientados para o sexo feminino. Não se sabe se este facto está na origem do comportamento. Não se sabe se estas diferenças existem noutras espécies. A exposição a esteróides enquanto feto pode ser um fator determinante da orientação sexual. Williams et al. (2000) referiram que as mulheres homossexuais estão expostas a mais androgénios pré-natais do que as mulheres heterossexuais. Também escreveram que os homens com mais de um irmão mais velho, que têm mais probabilidades do que os primogénitos de serem homossexuais na idade adulta, estão expostos a mais androgénios pré-natais do que os filhos mais velhos. Assim, os androgénios pré-natais podem influenciar a orientação sexual do ser humano adulto em ambos os sexos, e o corpo da mãe parece 'lembrar-se' de[1] filhos previamente gerados, alterando o desenvolvimento fetal dos filhos subsequentes e aumentando a probabilidade de homossexualidade na idade adulta (Williams et al., 2000). No entanto, isto não significa que qualquer criança que tenha tido mais do que um irmão será homossexual ou que qualquer mulher exposta a mais androgénios será lésbica. O assunto é muito complexo, não é completamente compreendido e requer muito mais estudo. Muitas vezes, os efeitos dos factores ambientais nos níveis hormonais ultrapassam de longe quaisquer efeitos de factores genéticos ou influências embrionárias na vida humana adulta. Continua a ser um mistério da vida saber se é a galinha ou o ovo que vem primeiro. Por exemplo, sabe-se que os homens homossexuais têm regiões cerebrais diferentes das dos homens heterossexuais; mas estas são regiões que podem mudar com o comportamento. Não se sabe se a sua orientação sexual alterou essas regiões, ou se essas regiões alteraram a sua orientação sexual; galinha ou ovo...

Comportamentos agressivos e interações sociais:

A testosterona aumenta a agressividade tanto nos machos como nas fêmeas. Os machos castrados mostram menos agressividade para com os outros. Se a testosterona for administrada ao macho castrado, a sua agressividade aumentará. Os níveis de esteróides estão também relacionados com a posição social. As vacas de baixo nível social terão um estatuto social mais elevado na manada se lhes for administrado estrogénio ou testosterona. Diferentes ratos com diferentes níveis de neurotransmissores e neurosteróides têm diferentes níveis de agressividade. Os ratinhos knockout para o gene da óxido nítrico sintase (NOS) tendem a ser demasiado agressivos. A enzima NOS encontra-se no cérebro e diminui a agressividade. Isto mostra que os esteróides não são os únicos factores que afectam a agressividade.

Os animais com baixa produção de esteróides tendem a ser subordinados na ordem social. Por exemplo, garanhões subordinados têm uma produção muito baixa de testosterona. No entanto, isso é, novamente, um paradoxo do ovo ou da galinha. Eles são subordinados porque seus níveis de testosterona são baixos ou os níveis de testosterona são baixos porque eles são subordinados. Numa experiência, ratos e babuínos apresentaram níveis baixos de testosterona depois de perderem uma luta. O lado vencedor tem níveis elevados de hormonas reprodutivas, enquanto o lado perdedor sofre uma queda. As derrotas ou vitórias desportivas têm o mesmo efeito nos seres humanos. Durante um Campeonato do Mundo de Futebol em 1994, foram medidos os níveis de testosterona dos adeptos que assistiam ao jogo. O jogo era Itália contra Brasil. Antes do início do jogo, os níveis de testosterona dos adeptos italianos eram mais elevados do que os níveis de testosterona dos adeptos brasileiros. A equipa brasileira ganhou o jogo. Isto provocou um grande aumento dos níveis de testosterona dos adeptos brasileiros e uma diminuição dos níveis de testosterona dos adeptos italianos (Figura 8.2).

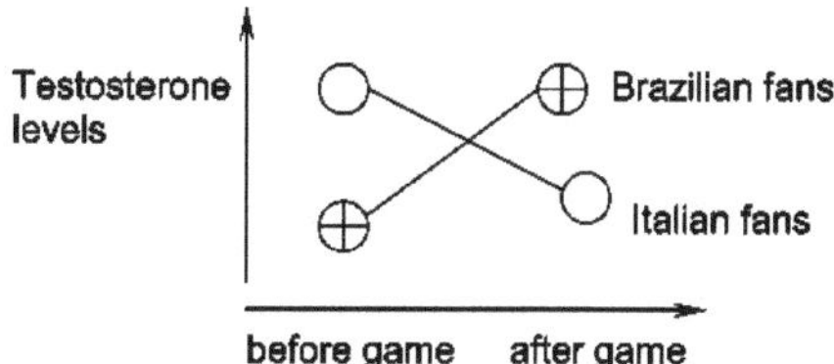

Figura 82. Alterações da testosterona nos adeptos antes e depois de um jogo de futebol

Além disso, diferentes profissões exigem ou provocam diferentes níveis de agressividade. Por exemplo, vários estudos revelaram que os prisioneiros e os advogados que participaram no estudo tinham níveis de testosterona mais elevados do que o público em geral. Os animais subordinados podem ter as suas hormonas suprimidas pela interação com animais dominantes e isso pode não exigir a presença física do macho/fêmea dominante. Num estudo efectuado com macacos Callithrix, as fêmeas subordinadas eram anovulatórias e tinham níveis de LH suprimidos. Mesmo nos casos em que a fêmea dominante (plexiglass entre elas) não lhes podia tocar, elas continuavam a ter níveis mais baixos de LH. É evidente que o facto de ver o animal dominante tem um poder estimulante suficiente. Este é também o caso dos machos. No entanto, quando a fêmea dominante é afastada dos animais subordinados, estes apresentam níveis mais elevados de LH e recomeçam a ciclar. Barrett et al. (1990) relataram interações de dominância de fêmeas em macacos, em que as secreções de feromonas inibiam a ovulação através da diminuição da secreção de gonadotropinas.

Efeitos da feromona:

"A adversidade atrai o homem de carácter. Ele procura a alegria amarga da responsabilidade." é uma citação de Charles de Gaulle (1890-1970) estadista francês, general na 2ª Guerra Mundial, primeiro presidente da Quinta República, 1959-69. Estudos revelam que os homens e as mulheres são atraídos por aqueles que são diferentes deles em determinados aspectos. Este é um bom mecanismo para evitar a consanguinidade e garantir que os animais não acasalam com animais que lhes são semelhantes. A consanguinidade causa depressão endogâmica, que é uma diminuição da aptidão e da capacidade reprodutiva dos animais. Tem efeitos deletérios como descendência deficiente e infertilidade. As feromonas podem estar envolvidas na transmissão desta informação. As feromonas podem estar envolvidas na transmissão desta informação. A presença de um macho estranho ou o alojamento da fêmea na gaiola onde estava alojado um macho estranho pode fazer com que ratinhos fêmeas grávidas abortem a gravidez (efeito Bruce).

A exposição de fêmeas jovens a machos adultos acelera a puberdade. Por exemplo, a exposição a machos induz a puberdade numa idade mais jovem em ratinhos fêmeas (efeito Whitten). A exposição de marrãs (porcas virgens) a varrascos estimula a puberdade precoce. Do mesmo modo, a exposição de machos jovens a fêmeas em cio provoca efeitos semelhantes, embora mais fracos. Todos estes efeitos são devidos às feromonas. A introdução de machos em fêmeas anovulatórias estimula a ovulação em várias espécies. Por exemplo, a introdução de um carneiro em ovelhas em cio aumenta a secreção de GnRH e LH. No entanto, isto depende da libido do macho introduzido; os machos com baixa libido não conseguem estimular um aumento hormonal. Se um novo macho com libido adequada for introduzido num grupo de fêmeas em anestro, estas podem começar a ovular.

As feromonas são substâncias químicas utilizadas para comunicar com outros animais da mesma espécie. As feromonas encontram-se na urina, na saliva ou nas fezes dos animais e são segregadas pelas glândulas da pele (suor). As feromonas são detectadas pelo órgão Vomeronasal (VNO), que se encontra no céu da boca (Figura 8.3). Os machos de muitas espécies reagem às feromonas femininas com a resposta de Flehmen para aumentar a deteção de feromonas. Levantam os lábios superiores para revelar os órgãos vomeronasais. Nas fêmeas, as feromonas são emitidas durante o proestro e o cio para atrair os machos. Assim, ambos os sexos segregam e respondem às feromonas As interações entre machos e fêmeas incluem também estímulos visuais e sonoros.

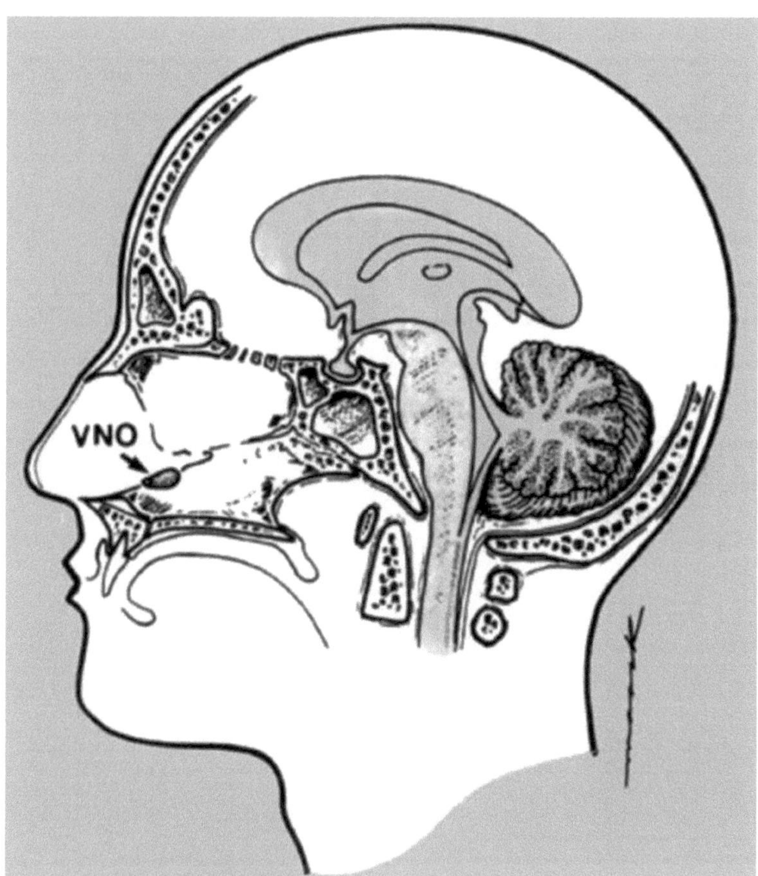

Figura 8.3. O órgão vomeronasal (VNO).

Fonte: Verhaeghe et al. (2013)

Comportamento maternal:

As fêmeas que nunca estiveram grávidas (nulíparas) têm medo dos recém-nascidos. Por vezes, as nulíparas podem até comer os recém-nascidos. Estas fêmeas podem criar laços com os recém-nascidos se lhes for administrada progesterona e depois estrogénio. Estas hormonas imitam

efeitos da gravidez no cérebro feminino. Mesmo a administração destas duas hormonas pode ter o mesmo efeito. Normalmente, um pico de oxitocina inicia as contracções uterinas durante o trabalho de parto. Este pico de oxitocina também estimula o comportamento maternal. A estimulação vagino-cervical com um balão induz a libertação de oxitocina em mulheres tratadas com esteróides. Esta estimulação, ou a administração de oxitocina, provoca a aceitação do cordeiro, melhora o comportamento maternal e estimula a ligação com o recém-nascido. A ligação com os machos também é feita através da oxitocina. É evidente que as fêmeas criam laços devido à oxitocina, enquanto os machos criam laços devido à vasopressina (AVP). A amamentação e o aumento dos níveis de prolactina (PRL) no final da gestação aumentam a recuperação de filhotes em ratos. A amamentação aumenta o comportamento maternal porque a estimulação das glândulas mamárias estimula a libertação de oxitocina para a saída do leite. A oxitocina induz o vínculo e estimula a libertação de PRL. Enquanto a oxitocina e a PRL são eficazes no comportamento materno em relação à descendência, as prostaglandinas, como a PGF-2a, estimulam o comportamento de construção do ninho.

Comportamento paternal:

Em muito poucos mamíferos os machos estão envolvidos no cuidado das crias. É fácil perceber como é que as alterações hormonais associadas à gravidez e ao parto podem induzir o comportamento maternal nas fêmeas, mas o que é que causa o comportamento paternal nos machos. A resposta não é certa, mas existem algumas alterações hormonais associadas ao comportamento paternal. Foi relatado um aumento dos níveis de prolactina e ocitocina e de testosterona nos homens durante o período inicial da paternidade (Gordon et al., 2010). O comportamento paternal provavelmente surgiu da ligação entre pares, mas as alterações endócrinas e as suas causas ainda não são claras.

CAPÍTULO 9

Reprodução

O sistema reprodutor está sob o controlo do sistema endócrino desde o desenvolvimento fetal. O feto tem tecidos que podem dar origem ao tecido reprodutor masculino e feminino. Os tecidos que dão origem ao trato feminino chamam-se tecidos **de Muller** e os tecidos que dão origem ao trato masculino chamam-se ductos **de Wolff**.

Nos mamíferos, o sexo genético é determinado na conceção, quando o ovócito é fertilizado por um espermatozoide com um cromossoma X ou Y. O gene SRY (Sex determining Region Y) existe no cromossoma Y. Leva ao desenvolvimento da gónada fetal indiferente como testículo. **As células de Sertoli** produzem a Hormona Anti-Mulleriana **(AMH**, também chamada Hormona Inibidora da Mulleriana **MIH),** que regride o trato Mulleriano (feminino). Isto abre o caminho para as caraterísticas masculinas. **As células de Leydig** produzem testosterona nos testículos do feto. A testosterona mantém o ducto de Wolffian e impede a sua regressão. Por outras palavras, um feto do sexo masculino necessita de AMH para inibir as caraterísticas femininas e de testosterona para desenvolver caraterísticas masculinas. Se nenhuma das hormonas acima referidas estiver presente, o feto torna-se feminino. Se houver testosterona mas não houver AMH, desenvolvem-se tecidos masculinos e femininos, embora um deles possa ser mais pequeno do que o outro.

Se um feto com o gene SRY não tiver receptores de androgénio, as vias wolffianas não se desenvolvem. No entanto, como a MIH ainda existe, as caraterísticas femininas também não se desenvolvem. Este indivíduo cresce com um fenótipo externo feminino, mas não tem nenhum dos órgãos internos reprodutores do sexo. Estes casos podem permanecer ocultos até à altura em que a puberdade normalmente ocorre ou mesmo mais tarde. Por vezes, um casal vai ao médico porque não pode ter filhos. Quando vão ao médico, é revelado que a mulher é, de facto, um homem genético sem órgãos reprodutores internos e com genitais femininos. Os órgãos genitais externos desenvolvem-se sob a influência dos androgénios. Os mesmos tecidos dão origem aos lábios e ao escroto e o clítoris e o pénis desenvolvem-se a partir do mesmo tecido, dependendo do nível de hormonas. Se uma mulher tiver níveis elevados de testosterona, os seus lábios fundem-se, forma-se o escroto e o clítoris aumenta de tamanho.

Hiperplasia Adrenal Congénita: A HAC é uma doença que se caracteriza por uma produção excessiva de testosterona adrenal e uma deficiência de aldosterona e cortisol. A doença está presente à nascença (congénita) e provoca um crescimento excessivo das supra-renais (hiperplasia). Os mamíferos recém-nascidos com a doença não conseguem produzir cortisol suficiente para manter a ACTH sob controlo (sem feedback negativo). Consequentemente, a produção contínua de ACTH estimula uma maior produção de outras hormonas supra-renais (androgénios). As mulheres têm genitais aumentados, semelhantes a um pénis, não menstruam, têm uma voz grave e o crescimento do corpo e dos pêlos é mais precoce. As pessoas com esta doença serão mais altas em crianças e menores, mas serão mais baixas em adultos se a doença não for tratada. Como os níveis elevados de androgénios fecham prematuramente as placas de crescimento na extremidade dos ossos longos, o seu crescimento pára mais cedo do que o habitual, resultando em adultos mais baixos. Embora não seja um caso de CAH, a fêmea da hiena malhada é normalmente masculinizada devido à exposição a níveis elevados de androgénios durante a fase pré-natal. Isto faz com que as fêmeas tenham um clítoris aumentado, através do qual acasalam e dão à luz. A vagina é uma bolsa cega não funcional. As fêmeas são geralmente maiores em tamanho corporal e dominantes na sociedade das hienas.

Na espécie bovina, os gémeos formados por uma novilha e um touro dão origem a uma fêmea masculina e estéril, chamada **freemartin.** Isto deve-se ao facto de a hormona inibidora de Mulleriana segregada pelas células de Sertoli (que se desenvolvem devido ao gémeo macho) afetar a fêmea, regredindo o seu aparelho reprodutor. Dois tratos reprodutivos femininos normais são mostrados na Figura 9.1. O da direita pertence a uma fêmea jovem.

A 5-alfa-redutase é uma enzima responsável pela conversão da testosterona na sua forma mais ativa, a DiHidroTestosterona (DHT). Se houver uma deficiência desta enzima, a testosterona não pode ser convertida em DHT, que é necessária para o desenvolvimento dos genitais externos masculinos no útero. A testosterona é aromatizada e convertida em estrogénio, fazendo com que os órgãos genitais pareçam ambíguos ou femininos. A doença é causada por uma mutação no gene da 5-alfa-redutase tipo 2 (herança autossómica recessiva) e afecta apenas os homens. Os homens com esta doença têm testículos, vagina e lábios, e um pénis pequeno com a abertura da uretra na parte inferior do pénis (Hipospádia). Os testículos permanecem na cavidade corporal e descem durante a puberdade, à medida que a libertação de testosterona aumenta. Após a puberdade, desenvolvem mais caraterísticas sexuais secundárias masculinas, mas a maioria é infértil.

A puberdade é um processo de maturação em que as caraterísticas sexuais secundárias começam a desenvolver-se. As fêmeas apresentam a sua primeira ovulação e cio, o que se designa por menarca nos seres humanos e em alguns outros primatas. Os machos produzem um número suficiente de espermatozóides para fecundar uma fêmea. Durante a puberdade, as fêmeas têm ciclos irregulares e de duração anormal e os machos aumentam a produção de esperma até à maturidade total.

Diferentes partes do eixo hipotálamo-pituitária-gonadal amadurecem em idades diferentes. As gónadas (testículos, ovários) estão prontas para responder às gonadotrofinas (LH, FSH, etc.) muito antes de o cérebro estar pronto para as libertar. Antes da puberdade, os níveis das hormonas reprodutivas são baixos, sendo a secreção de GnRH do hipotálamo o fator limitante. Se forem administradas gonadotrofinas externas, o mamífero pré-púbere pode responder. A secreção de GnRH inicia a secreção de LH durante a puberdade e aumenta a secreção de testosterona, iniciando a espermatogénese nos machos. Nas fêmeas, a LH estimula a maturação folicular e aumenta a secreção de estradiol. Através de feedback positivo, a LH aumenta e a ovulação ocorre. A FSH não é um fator limitante da puberdade.

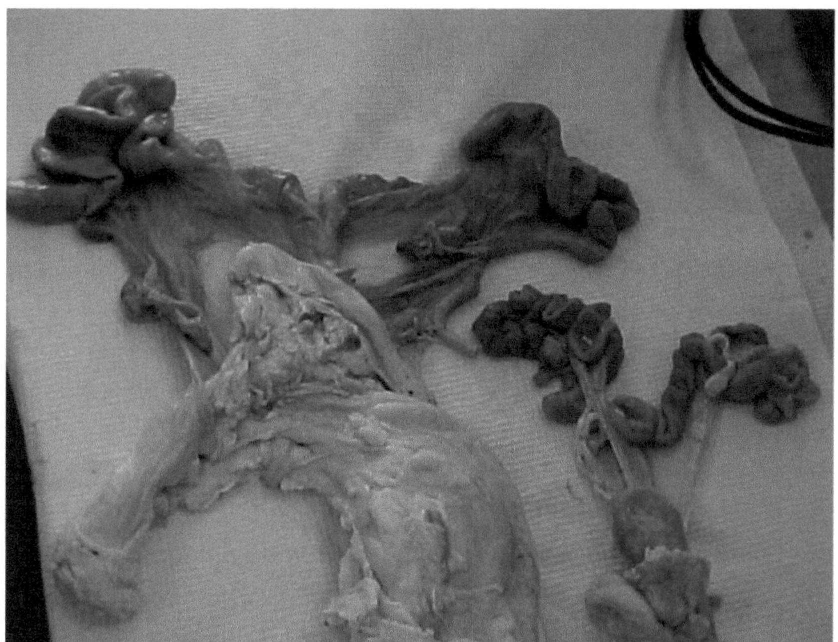

Figura 9.1. Dois tractos reprodutores femininos normais em animais de criação

Teorias sobre o momento da puberdade:

A **teoria do Gonadostat** sugere que os esteróides gonadais, como a testosterona, têm baixos pontos de ajuste de feedback negativo antes da puberdade. Normalmente, a LH estimula a testosterona e a testosterona inibe a LH. Antes da puberdade, de acordo com a teoria, a LH não aumenta para estimular a produção de testosterona, apesar das baixas concentrações no sangue. Isto deve-se ao facto de os níveis de testosterona já estarem na concentração certa, que é um nível mais baixo do que a concentração após a puberdade. À medida que o animal amadurece e se aproxima da idade e do peso para a puberdade, este efeito de feedback negativo enfraquece e a secreção de LH aumenta, elevando as concentrações de esteróides para o novo nível em que ocorre o feedback negativo. Por exemplo, se 1 nanograma de testosterona era suficiente para inibir a produção de LH antes da puberdade, 5ng de testosterona podem ser necessários para inibir a produção de LH na puberdade. Este processo continua até serem atingidos os níveis adultos de esteróides gonadais. O aumento da testosterona nos homens provoca o início da espermatogénese e o desenvolvimento das outras caraterísticas pubertárias. O estradiol mais elevado nas mulheres atinge o ponto de feedback positivo e leva ao primeiro pico pré-ovulatório de LH. A teoria do Gonadostat é viável para os ovinos e bovinos, enquanto os ratos e os primatas parecem ter um mecanismo diferente, porque o seu mecanismo de feedback muda no final da puberdade.

A **teoria da Maturação Central** é mais adequada para as evidências em primatas e ratos. O feedback negativo dos esteróides está ausente no início da vida nestas espécies. A remoção das gónadas não resulta num aumento da secreção de LH, ao contrário das espécies em que se aplica a teoria do gonadostato. Nesta teoria, à medida que o animal se aproxima da puberdade, ocorre um aumento da estimulação do gerador de impulsos hipotalâmico, aumentando a

GnRH e, consequentemente, as gonadotrofinas. No início da puberdade, o gerador de impulsos hipotalâmico é restrito e há muito pouca secreção de GnRH. À medida que a puberdade se aproxima, os neurotransmissores estimuladores aumentam, aumentando a frequência dos impulsos e provocando a libertação de gonadotropinas.

A idade e o peso afectam o momento da **puberdade.** A subnutrição atrasa a puberdade, resultando num aumento da idade, enquanto que o excesso de alimentação a faz avançar até um certo ponto. Dois indivíduos diferentes podem atingir a puberdade com pesos semelhantes mas idades diferentes, devido ao efeito da alimentação. Isto mostra que a alimentação afecta a idade da puberdade. No entanto, existe uma idade mínima para a puberdade, o que significa que se o peso crítico for atingido numa idade demasiado jovem, o animal não passará pela puberdade. Este facto foi demonstrado com estudos de sobrealimentação em várias espécies. Além disso, existem algumas provas de que é necessário um nível crítico de tecido adiposo para a puberdade. Algumas bailarinas ou ginastas têm a puberdade atrasada porque não possuem a quantidade crítica de gordura necessária. A leptina, como sinal de gordura corporal, pode ser permissiva, permitindo o início da puberdade.

Ciclos reprodutivos:

O ciclo estral é medido como o tempo entre um cio e o seguinte. Este comportamento foi o que as pessoas puderam observar nestes animais, pelo que o utilizaram para caraterizar o padrão reprodutivo. A maioria dos mamíferos, como porcos, cães, ovelhas, cabras e gado bovino têm ciclos estrais. Os animais são sexualmente receptivos apenas quando estão na fase do cio, também conhecida como cio. Durante o ciclo estral, não há perda de sangue devido à descamação do revestimento uterino. A duração do ciclo estral varia consideravelmente consoante as espécies.

Os ciclos **poliéstricos** podem ser observados em mamíferos como o gado bovino, ovino, caprino e suíno. Animais como o gado bovino ou suíno têm ciclos durante todo o ano, enquanto animais como ovelhas, gatos e cavalos apresentam vários ciclos numa estação específica (capítulo 5, reprodução sazonal). Os cães e as raposas apresentam ciclos **monoéstricos**. Estes animais têm um ciclo uma vez por ano e são anestros durante o resto do ano ou durante vários meses, mesmo que não estejam grávidas. Os ciclos **menstruais** podem ser observados nos seres humanos e nalguns outros primatas. Os ciclos começam com a menarca (primeiro cio) e terminam com a menopausa. As mulheres são sexualmente receptivas durante todo o seu ciclo. Em cada ciclo, o revestimento interno do útero prepara-se para a gravidez; é eliminado se a gravidez não ocorrer.

Desenvolvimento folicular:

Dependendo da espécie, desenvolve-se um determinado número de folículos. Em algumas espécies, apenas um folículo dominante se desenvolve até ao tamanho pré-ovulatório; o destino dos restantes é a atresia (degeneração, regressão). As fases posteriores do desenvolvimento estão sob o controlo das gonadotrofinas.

Tipos de células:

Durante o desenvolvimento fetal, as células germinativas primordiais desenvolvem-se a partir da mesoderme e migram para o ovário. Depois crescem, dividem-se e transformam-se em **folículos primordiais,** que são uma camada de células escamosas que envolvem o ovócito. Dependendo de factores ainda desconhecidos, um certo número de células primordiais desenvolve-se periodicamente em **folículos primários** (uma camada de células da granulosa). De seguida, o folículo transforma-se em **folículo secundário,** que é um oócito rodeado por várias camadas de células da granulosa. Após este ponto, o desenvolvimento torna-se dependente das gonadotrofinas. O folículo é designado por **folículo terciário (antral)** quando uma cavidade cheia de líquido (antro) cresce no oócito. Cresce mais e torna-se o **folículo de Graaf.** Quando a ovulação ocorre, o ovócito é expulso mas as células foliculares permanecem no ovário. **As células Teca** são as células conectivas que rodeiam as células da granulosa. Uma membrana separa as células theca e as células da granulosa. Após a ovulação, as células theca e granulosa desenvolvem-se no corpo lúteo (corpo amarelo, Figura 9.2), que regride para corpo albicans (branco, Figura 9.3), a menos que ocorra uma gravidez. O corpo lúteo (CL) produz **progesterona** (P4) durante a fase lútea, que impede a ovulação de mais folículos através da inibição da secreção de LH e é necessária para a manutenção da gravidez. Quando a gravidez não ocorre, os picos de PGF2a do útero provocam a regressão do CL. Quando regride, o CL já não consegue produzir progesterona, o que significa que a produção de LH começa a aumentar. A fase folicular começa novamente, um folículo pré-ovulatório grande aumenta a E2, o que aumenta a LH e, com feedback positivo, a LH aumenta e, assim, a ovulação ocorre novamente. O folículo ovulado torna-se o CL e este ciclo continua até à menopausa (primatas) ou até ocorrer um esgotamento semelhante do fornecimento de folículos (outras espécies). A PGF2a é utilizada em animais domésticos para sincronizar o cio de grupos de fêmeas, de modo a facilitar o maneio reprodutivo.

A FSH estimula a formação de folículos antrais, previne a atresia e aumenta a produção de receptores de LH nas células da teca. Os folículos antrais desenvolvem-se em grupos, denominados ondas. Na onda, um folículo dominante continua a crescer num ambiente de baixa FSH enquanto os outros se tornam atrésicos. A concentração de FSH é baixa porque o folículo dominante liberta estradiol (E2) e inibina, que diminuem a produção de FSH. Normalmente, a FSH aumenta os receptores de LH; a LH estimula a mitose e aromatiza os androgénios em estrogénios (E2, etc.). Quando a FSH é baixa, os receptores de LH não funcionam no ovário e a mitose abranda em todos os folículos, exceto no folículo dominante. Este continua a crescer porque desenvolve receptores de LH e pode ser apoiado por LH em vez de FSH. Os outros folículos tornam-se atréticos e têm poucos receptores de LH (baixa taxa de mitose).

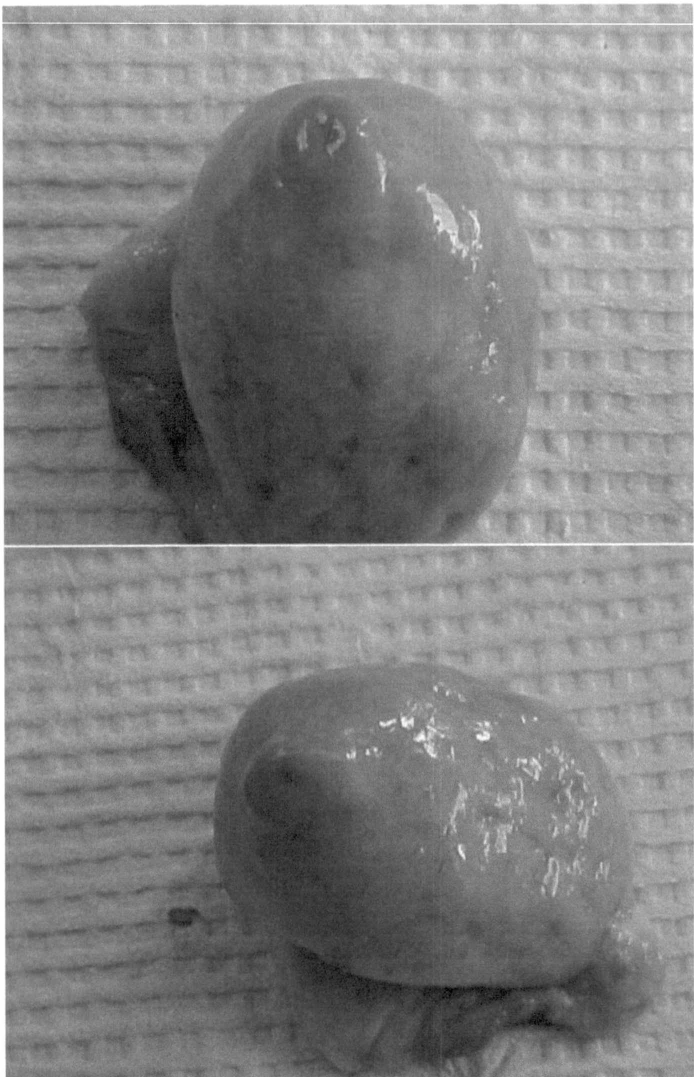

Figura 9.2. Corpo Lúteo do Ovário Bovino, o corpo amarelo

A inibina é um péptido com subunidades a e p. É produzido pelas células da granulosa no folículo dominante e pelas células de Sertoli no testículo. A inibina foi baptizada devido aos seus efeitos inibitórios sobre a secreção de FSH. A inibina actua ao nível da hipófise e não afecta a secreção de LH. A activina é um péptido com 2 subunidades p. Encontra-se nas células da granulosa e de Sertoli, bem como na hipófise anterior, e estimula a produção de FSH.

O estradiol, a progesterona e os androgénios são produzidos nos ovários num processo denominado **esteroidogénese folicular.** As células da teca e da granulosa produzem E2, que inibe a LH e a FSH. A progesterona é absorvida pelas células theca e convertida em androgénios, como a testosterona. Em seguida, as células da granulosa aromatizam os androgénios para fornecer E2 ao ovário.

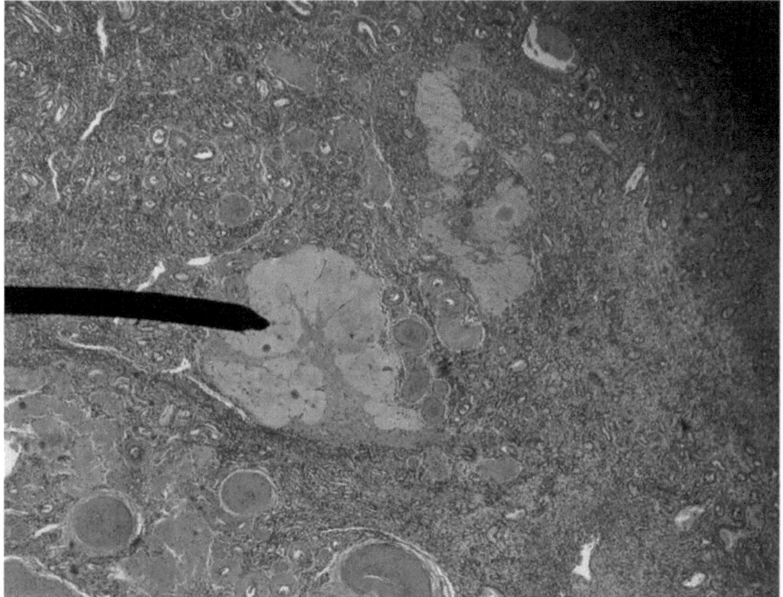

Figura 9.3. Corpus Albicans humano (corpo branco) através de um microscópio

Fonte: Wikimedia Commons

Ovulação:

O pico de LH aumenta o fluxo sanguíneo para o folículo pré-ovulatório, conduzindo a uma hiperemia ativa, que leva ao inchaço. Isto resulta na libertação de histamina e prostaglandinas no folículo. As enzimas proteolíticas degradam os colagénios no folículo, causando uma rutura e libertando o oócito (ovulação). Depois disso, as células foliculares convertem-se em células luteais (luteinização). A morfologia das células altera-se e estas começam a produzir P4 em vez de E2. O corpo lúteo forma-se em cada ovulação; mantém-se em animais cíclicos se ocorrer uma gravidez, mas regride se não ocorrer uma gravidez.

Existem dois tipos de células luteais na CL:

1. Células não esteroidogénicas. Estas incluem os fibroblastos e as células endoteliais.
2. Células esteroidogénicas. Existem dois tipos destas células:
    a. Células grandes, derivadas das células da granulosa. Estas produzem a maior parte da P4 e péptidos como a oxitocina, e respondem à PGF2a.
    b. Células pequenas, derivadas das células theca. Têm receptores de LH.

Se um animal cíclico não ficar prenhe, o CL regride e ele tem outro ciclo, dando-lhe outra oportunidade de se reproduzir. Nos ruminantes, o endométrio uterino liberta PGF2a para desencadear a libertação de oxitocina do corpo lúteo. A oxitocina do CL estimula mais PGF2a, que por sua vez estimula mais oxitocina. Como resultado deste feedback positivo, o CL regride. Nos primatas, o CL produz PGF2a para a regressão, o que provoca a sua sequência de auto-destruição. Nas espécies cíclicas, o CL tem de ser resgatado pelo embrião, ou regredirá.

Nalgumas espécies (ex. humanos, bovinos, equinos), tal como referido anteriormente, o gatilho para o pico de GnRH-LH é o elevado nível de estradiol produzido pelo(s) folículo(s). Estas são denominadas ovuladoras espontâneas. Noutras espécies (ex. coelhos, gatos, camelídeos) o pico de LH que provoca a ovulação é desencadeado pelo acasalamento (Ovuladores Induzidos). Estão presentes folículos grandes que segregam estradiol para provocar o cio, mas os níveis elevados de estradiol não são suficientes para provocar a ovulação sem acasalamento. Nalgumas espécies, o ato físico do acasalamento é necessário para proporcionar uma estimulação neural que conduza à libertação de GnRH. Nos camelídeos, existe um sinal químico no plasma seminal que desencadeia o surto e que se acredita ser 0 Fator de Crescimento Nervoso.

Reconhecimento materno da gravidez:

O reconhecimento materno da gravidez é o termo utilizado para descrever o processo pelo qual a regressão da CL é evitada em caso de gravidez. O **conceptus** é o embrião inicial e as células que mais tarde formarão a placenta. O CL regride se não for ativamente resgatado pelo concepto. O CL continua a libertar P4, que é necessária para a manutenção da gravidez.

Nos primatas, a gonadotropina coriónica salva o CL, actuando como a LH; liga-se aos receptores de LH no CL. Mais tarde, a placenta produz P4 na última metade da gestação.

Nos porcos, o concepto produz estrogénio, o que altera a direção da secreção de PGF2a. Em vez da função endócrina, a PGF2a é secretada de forma exócrina, atraindo a PGF2a para o lúmen uterino. Além disso, o estrogénio estimula a libertação de PRL, que estimula a libertação de Ca. Esta libertação de Ca está envolvida na alteração da direção da secreção de PGF2a. O estrogénio também aumenta a expressão de FGF-7 no endométrio uterino, o que promove o alongamento do concepto.

Nos ruminantes, o concepto produz Interferão Tau. Esta é uma proteína que diminui os receptores de oxitocina no útero. Isto provoca uma diminuição do feedback positivo entre a oxitocina e a PGF2a. O CL não regride porque a PGF2a é produzida em pequenas quantidades (não há um pico relacionado com o feedback positivo).

O primeiro sinal para a manutenção do CL equino é a mobilidade do concepto. Ao percorrer todo o útero, o conceptus suprime a secreção de PGF2a por um mecanismo desconhecido. Mais tarde, o embrião produz células da cintura coriónica, que invadem o útero para formar estruturas denominadas copas endometriais. As células da cintura coriónica produzem Gonadotropina Coriónica Equina (ECG), também chamada Gonadotropina Sérica da Égua Grávida (PMSG), entre os dias ~35-150 da gravidez. Actua como a LH na espécie equina e estimula os corpos lúteos acessórios (plural de corpo lúteo) no ovário, que produzem P4 até a placenta assumir o controlo (após cerca do dia 130). O desenvolvimento folicular ocorre antes da formação dos copos endometriais, o que significa que o ECG não está relacionado com o desenvolvimento folicular.

Hormonas da gravidez e do parto:

A progesterona mantém o útero quiescente para que não haja contracções. Aumenta as secreções para nutrir o embrião antes do desenvolvimento da placenta e impede o desenvolvimento de mais folículos. Os estrogénios (estrona, estriol) também são segregados em níveis mais elevados e aumentam o fluxo sanguíneo para o útero, que continua a crescer e sustenta a unidade feto-placentária. Em conjunto, a progesterona e os estrogénios estimulam o desenvolvimento da glândula mamária. Os cavalos produzem estrogénios únicos durante a gravidez, denominados estrogénios equinos conjugados. A urina das éguas grávidas é recolhida em tanques a granel para extrair estes estrogénios utilizados pelas mulheres na pós-menopausa.

Os estrogénios são sintetizados nos folículos pelas células da granulosa. Estas produzem P4, as células theca convertem P4 em testosterona e as células da granulosa aromatizam a testosterona em estrogénios. Da mesma forma, os estrogénios são produzidos pela placenta. O corpo lúteo ou placenta produz P4, que é convertida em testosterona pelo córtex adrenal fetal. No passo final, a placenta aromatiza a testosterona em estrogénios. Se o feto for do sexo masculino, a testosterona é produzida a partir dos testículos. Após o nascimento, a zona suprarrenal fetal regride, deixando para trás as três zonas mencionadas no capítulo 7.

A placenta produz hormonas adicionais em todas as espécies, mas nem todas têm as mesmas. Os ruminantes e os primatas produzem sommatomammotropina coriónica, também conhecida como lactogénio placentário, que actua como a GH e a PRL. Estimula o desenvolvimento mamário e aumenta a poupança de glucose para o feto. Outras hormonas, como a GnRH, a CRH, a p-endorfina e a TRH, encontram-se na placenta.

À medida que o parto se aproxima, a relação entre P4 e E2 diminui e os níveis de P4 começam a descer. O hipotálamo fetal liberta CRH à medida que a data do parto se aproxima. Existem algumas evidências de que a libertação de CRH pode ser desencadeada pela diminuição dos níveis de oxigénio no feto em crescimento. Isso aumenta os níveis de cortisol, o que diminui a P4, mas aumenta os níveis de E2, relaxina e PGF2a. A PGF2a e a E2 aumentam a frequência das contracções uterinas. Isto mostra que é o feto, e não a mãe, que controla o momento do parto.

Durante o parto, a relaxina relaxa os ligamentos pélvicos e dilata o colo do útero. Quando o feto entra no colo do útero, a dilatação do colo do útero faz com que ocorram picos de oxitocina através de um reflexo neuroendócrino. Os nervos do colo do útero enviam sinais para a coluna vertebral; os nervos da coluna vertebral enviam sinais para o hipotálamo (neuro), que liberta oxitocina da hipófise posterior para o sangue (endócrino) para viajar até ao útero. A oxitocina aumenta a força das contracções. Após o nascimento, a sucção do recém-nascido ou simplesmente a sua presença inibe os ciclos reprodutivos. Nos primatas e roedores, a sucção do recém-nascido aumenta a PRL, que diminui a GnRH, diminuindo os níveis de gonadotrofinas. Nos ruminantes, os opióides endógenos podem estar envolvidos, diminuindo a GnRH e a LH.

Testes e testosterona:

Os espermatozóides são produzidos a partir de células estaminais (chamadas espermatogónias) nos túbulos seminíferos. As células intersticiais estão localizadas fora dos túbulos e são constituídas por vários tipos de células, incluindo as células de Leydig, que produzem testosterona. As células de Sertoli, no interior dos túbulos, nutrem os espermatozóides em desenvolvimento e produzem inibina. Também produzem AMH durante o desenvolvimento fetal. Os testículos desenvolvem-se em duas etapas na maioria das espécies: o desenvolvimento fetal e o desenvolvimento peripuberal. O desenvolvimento peripuberal ocorre por volta da puberdade e é controlado pela GnRH. Algumas espécies requerem uma outra etapa por volta da altura do nascimento, o desenvolvimento perinatal. Durante todas estas etapas, as células de Leydig e de Sertoli proliferam. A Figura 9.4 e a Figura 9.5 mostram um testículo e o epidídimo.

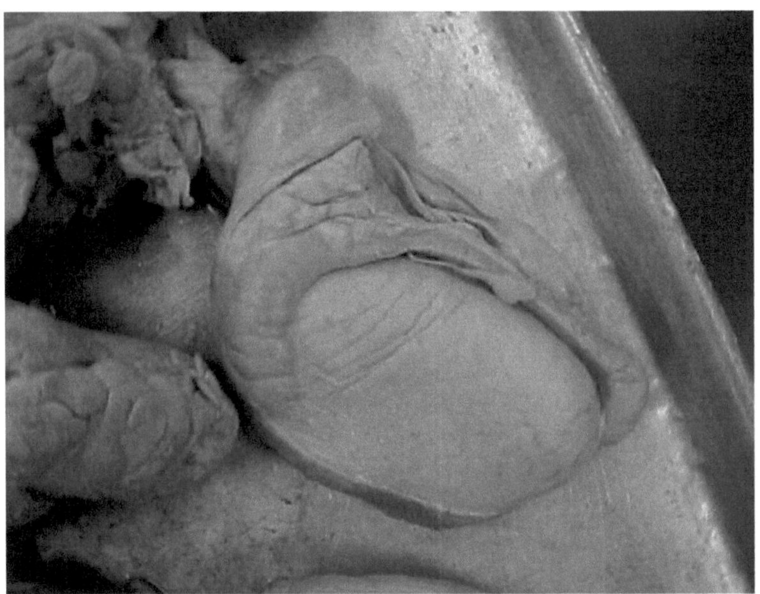

Figura 9.4. Testículo de touro com epidídimo (parte superior Caput = cabeça do epidídimo)

A LH aumenta os níveis de testosterona através do aumento dos níveis das enzimas relacionadas. A testosterona inibe a GnRH e a LH, mas a sua ação inibidora desenvolve-se após o nascimento. Nos primeiros meses, o jovem produz testosterona em excesso porque não inibe a LH, cujos níveis são muito elevados.

A FSH é necessária para o início da espermatogénese na puberdade. Após a puberdade, são necessários níveis elevados de testosterona para a espermatogénese. Embora a FSH não seja necessária para a produção de testosterona após a puberdade, continua a ser necessária para que as células de Sertoli produzam proteínas de ligação aos androgénios.

A testosterona é necessária para a espermatogénese e para manter a função do epidídimo, da próstata, das vesículas seminais e das glândulas bulbouretrais. É também necessária para produzir e manter as caraterísticas masculinas secundárias, como a barba e o bigode, e necessária para aumentar o tamanho, como o desenvolvimento muscular e dos pêlos. A testosterona é convertida em DHT pela 5a redutase ou aromatizada em estradiol. Em ambos os casos, inibe a LH, devido ao mecanismo de feedback negativo.

Desreguladores endócrinos:

Os desreguladores endócrinos são substâncias presentes no ambiente que podem atuar como hormonas. Podem ser agonistas, antagonistas ou podem ter efeitos mistos. Um deles é um conhecido carcinogéneo, o **DiEthylStilbestrol** (DES). Provoca cancro no trato reprodutivo das mulheres expostas no útero e provoca lesões nos testículos dos homens. Foi utilizado entre 1940 e 1970 como medicamento para prevenir abortos espontâneos. Foi também utilizado como promotor de crescimento em alguns animais domésticos de criação antes de ser retirado. **O acetato de bisfenol** (BPA) é um químico comummente utilizado na produção de plásticos e noutros processos. Parte do BPA, que actua como estrogénio, pode entrar nos alimentos ou bebidas armazenados em recipientes de plástico. Alguns países e alguns estados dos EUA proibiram a utilização de BPA em copos e biberões destinados a crianças. No entanto, a segurança dos seus substitutos não é conhecida

Os dois compostos acima mencionados pertencem a um grupo denominado **xenoestrogénios** (estrogénios estranhos). Ligam-se aos receptores de estrogénio com uma afinidade mais fraca do que o E2. Podem diminuir a contagem de espermatozóides nos homens e causar irregularidades nas mulheres. Os seus potenciais efeitos no desenvolvimento do sistema reprodutor do feto ou das crianças suscitam especial preocupação. Outro é a **zearalenona,** que é produzida pelo fungo Fusarium graminearum. Normalmente, os níveis de E2 aumentam no final da gravidez. Os alimentos contaminados com zearalenona podem enviar um sinal falso ao organismo para interromper a gravidez e, assim, induzir um aborto. Nos suínos, causa pseudogravidez nas fêmeas e feminização nos machos, juntamente com muitos outros problemas reprodutivos.

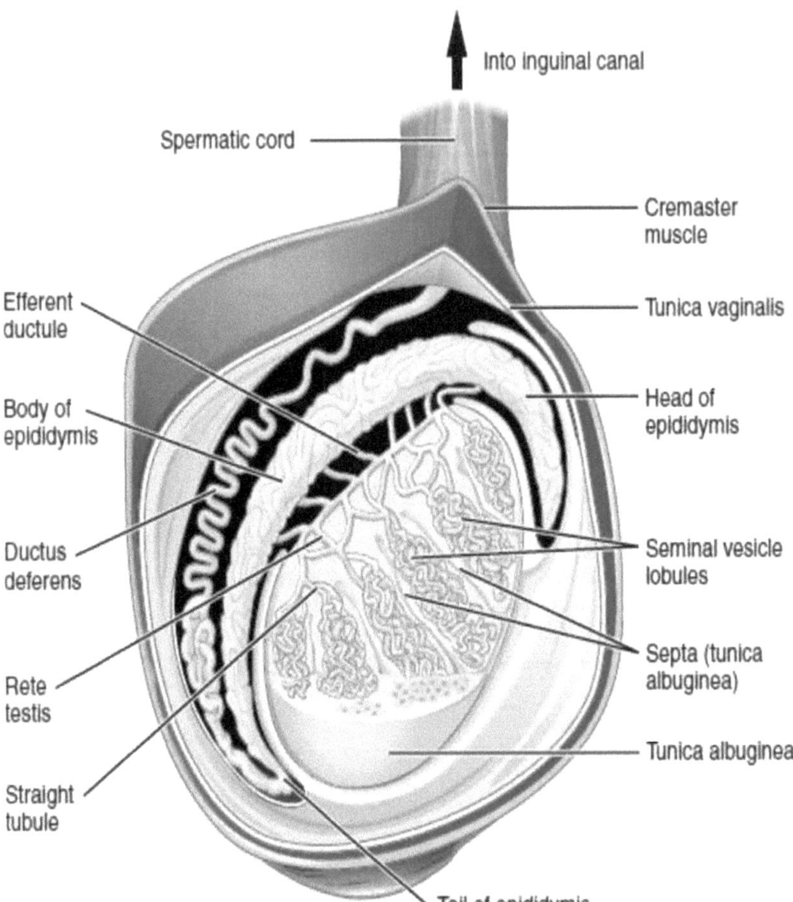

Figura 9.5. Testículo e seu funcionamento interno

Fonte: OpenStax College - Anatomia e Fisiologia, Connexions. http://cnx.Org/content/col11496/1.6/, 19 de junho de 2013

Outro grupo é o dos **fitoestrogénios.** Estes compostos semelhantes aos estrogénios podem ser encontrados em muitas plantas, incluindo o trevo, a soja e as couves-de-bruxelas. Níveis elevados de fitoestrogénios provenientes do pastoreio de um tipo de trevo causaram infertilidade em ovelhas, embora não tenham sido encontrados efeitos em éguas. Os tipos de fitoestrogénios incluem **os lignanos** que se encontram em muitos cereais e frutos secos, como as sementes de linhaça,

Isoflavonas como a genisteína e a daidzeína, presentes na soja e noutras leguminosas, e **os Coumestans**, presentes na alfafa e nos rebentos de feijão, entre outras plantas. O consumo de uma dieta vegetariana aumenta as substâncias estrogénicas na urina. Têm sido feitas muitas alegações de saúde relativamente aos fitoestrogénios nos seres humanos, tanto positivas como negativas. A verdade sobre os seus efeitos é muito complexa (Patisaul e Jefferson, 2010). A resposta a estas substâncias varia consoante a genética. Algumas linhas de ratinhos respondem aos fitoestrogénios, enquanto outras não. A idade, o estado reprodutivo, a saúde e outras caraterísticas individuais, bem como o nível de consumo, desempenham certamente um papel na determinação dos efeitos destes compostos na saúde dos seres humanos, para o bem ou para o mal.

REFERÊNCIAS

Barrett, J, Abbott, DH, George, LM. Extension of reproductive suppression by pheromonal cues in subordinate female marmoset monkeys (Callithrix jacchus). J. Reprod. Fertil. 1990, 90: 411-418.

De Dreu, CKW, Greer, LL, Van Kirk, GA, Shalvi, Handgraft. MJ. A ocitocina promove o etnocentrismo humano. Proc Natl Acad Sci 2011, 108:162-1266.

De Wied D, Jolies J. Neuropeptides derived from pro-oplocortin: behavioral, physiological, and neurochemical effects. Physiol Rev 1982, 62(3):976-1059.

Edelstein K, Amir S. The role of the intergeniculate leaflet in entrainment of circadian rhythms to a skeleton photoperiod. *J Neurosci* 1999, 1;19(1):372-80

Fan W, Boston BA, Kesterson RA, Hruby VJ, Cone RD. Role of melanocortinergic neurons in feeding and the agouti obesity syndrome (Papel dos neurónios melanocortinérgicos na alimentação e na síndrome da obesidade agouti). Nature 1997; 385(6612): 165-8.

Gerald, C, Walker, M, Criscione, L, Gustafson, EL, Batzl-Hartmann, C, Smith, KE, Vaysse, P, Durkin, MM, Laz, TM, Linemeyer, DL, Schaffhauser, AO, Whitebread, S, Hofbauer, KG, Taber, RI, Branchek; TA, Weinshank, RL. A recetor subtype involved In neuropeptlde-Y- induced food intake. *Nature*. 1996, 382:168-171.

Gordon, I, Zagoury-Sharon, O, Leckman, JF, Feldman R. Prolactin and Oxytocin and development of paternal behavior across the first six months of fatherhood. Hormones Behavior 2010, 58:513-518.

Huszar D, Lynch CA, Fairchild-Huntress V, Dunmore JH, Fang Q, Berkemeier LR, Gu W, Kesterson RA, Boston BA, Cone RD, Smith FJ, Campfield LA, Burn P, Lee F. A disrupção direcionada do recetor da melanocortina-4 resulta em obesidade nos ratinhos. Cell, 1997, 88:131-141.

Himms-Hagen J. Brown adipose tissue metabolism and thermogenesis (metabolismo do tecido adiposo castanho e termogénese). Ann Rev Nut. 1985, 5:69-94.

Inui, A. Neuropeptide Y feeding receptors: are multiple subtypes involved? Trends Pharm. Sci. 1999, 20, 43-46.

Kotronoulas, G, Stamatakis, A, Stylianopoulos, F. Hormonas, agentes hormonais e neuropeptídeos envolvidos na regulação neuroendócrina do sono em humanos. Hormonas 2009, 8:232-248.

Leibel RL, Chung WK, Chua SC Jr. The molecular genetics of rodent single gene obesities. J Biol Chern 1997, 272:31937-40.

Levin, ER. Plasma Membrane Estrogen Receptors. Tendências Endocrinol. Metab 2009, 20:477- 482.

Manuck, SB, Kaplan, JR, Adams, MR, Clarkson, TB. Studies of psychosocial influences on coronary artery atherosclerosis in cynomologous monkeys. Health Pyschol. 1995, 7:113-124.

Makolajczak, M, Cross, SJ, Lane, A, Corneille, P, de Timony, T, Lumnet, O. Oxcytocin Makes People Trusting, Not Gullible. 2010, Psych Sci 21:8,1072-1074.

Pala, A. Effects of Agouti Related Protein and Androgens On Growth (Efeitos da proteína relacionada com a cutia e dos andrógenios no crescimento). P. Journal Of Applied Sciences. 2003, 3:197-202.

Palmiter RD, Erickson JC, Hollopeter G, Baraban SC, Schwartz MW. Life without neuropeptide Y. Recent Prog Horm Res 1998, 53:163-99.

Patisaul, HB, Jefferson, W. Os prós e os contras dos fitoestrogénios. Front NeuroendocrinoL 2010, 31:400-419

Reddy, D.S. Neurosteroids: Endogenous Role in the Human Brain and Therapeutic Potential (Papel endógeno no cérebro humano e potencial terapêutico). Prog Brain Res 2010, 186:113-127.

Roush, W. Putting the brakes on bone growth (Travar o crescimento ósseo). *Science* 1996, 273: 579.

Selye, Hans. O Stress da Vida. Nova Iorque: McGraw-Hill, 1978.

Verhaeghe J, Gheysen R, Enzlin P. Pheromones and their effect on women's mood and sexuality (Feromonas e o seu efeito no humor e na sexualidade das mulheres). Facts Views Vis Obgyn. 2013; 5(3): 189-195. Figura reproduzida de Monti-Bloch et al., 1998.

Vortkamp, A. Lee, K., Lanske, B., Segre, G. V., Kronenberg, H. M., e Tabin, C. J. Regulation of rate of cartilage differentiation by Indian hedgehog and PTH-related protein. *Science* 1996, 273: 613 - 622.

Williams, TJ, Pepitone, ME, Christensen, SE, Cooke, BM, Huberman, AD, Breedlove, NJ, Breedlove, TJ, Jordan, CI, Breedlove, M. Finger-length ratios and sexual orientation. Nature 2000, 455-456.

Yen, TT, Gill, AM, Frigeri, L.G, Barsh, GS, e Wolff, GL. Obesidade, diabetes e neoplasia em ratinhos amarelo A (vy)/-: expressão ectópica do gene agouti. FASEB J 1994, 8(8) :479-88.

Young, LJ, Nilsen, R, Waymire, KG, Macgregor, GR, In sei, TR. Aumento da resposta afiliativa à vasopressina em ratinhos que exprimem o recetor V_{1a} de uma ratazana monogâmica. Nature 1999, 766-768.

Young, LO, Wang, Z. A neurobiologia da ligação entre pares. Nature Neurosci 2004, 7:1048-1054.

Printed by Books on Demand GmbH, Norderstedt / Germany